はなしシリーズ

なるほど！吟醸酒づくり

杜氏さんと話す

大内弘造 著

技報堂出版

まえがき

吟醸酒を初めて口にしたとき、フルーツのような香りに驚いた方も多いと思います。米からつくられるのに、どうしてフルーツの香りがするのか？　馥郁たる香りと繊細な味、滑らかな喉越しと爽やかな後口。こんなすばらしい酒は昔からあったのか？

吟醸酒は、およそ一〇〇年前に始まった鑑評会が育てた清酒といってよいでしょう。コンテストで「金賞をとりたい！」。杜氏さんたちの熱い思いが、高精白米、突破《つきは》精麹《ぜこうじ》低温発酵を骨子とする特殊な〝吟醸づくり〟を編み出し、従来にないタイプの清酒、〝吟醸酒〟を育てたのです。鑑評会は現在も続いており、吟醸酒は今も進化しています。

寒さの厳しい一月頃に、吟醸酒づくりは始まります。この時期になると、杜氏さんの神経は極度に高ぶり、醸造場にはピーンと張り詰めた空気がみなぎります。目が血走っているのは、昨夜も夜通し麹づくりに励んだせいでもあるでしょう。しかし、それだけ頑張っても、よい吟醸酒ができるとはかぎらないのが吟醸酒づくりの難しいところです。

私事にわたって恐縮ですが、著者が国税庁醸造試験所に勤務していた昭和四〇年から五八年の間に、所属研究室が通算五回ほど吟醸酒づくりを担当し、そのうち四回は全国新酒鑑評会で金賞を受賞したと記憶しています。しかし現在は、当時のマニュアルどおりにつくっても、絶対金賞はとれないでしょう。新しい酵母の育種や酒造理論、醸造技術の進歩があり、今の吟醸酒づくりは、当時とかなり違ってきたのです。

厳しい寒さも和らぎ、陽射しに春の気配が感じられる頃、杜氏さんにはまたストレスがたまります。冬の間精根込めてつくった吟醸酒が、いよいよ評価を受けるときがくるからです。「金賞をとりたい!」。この思いは社長さんとて同じですから、杜氏さんには一層プレッシャーがかかるのです。みんな見事に金賞をとれるよう祈らずにはおれません。

本書は、著者が平成一〇年に日本醸造協会主催の杜氏セミナーで吟醸酒づくりの基本を述べたときの資料、平成一一年と一二年の杜氏セミナーで「個別相談」の講師を勤めたときの内容、個人的に相談を受けた事柄等をもとに、杜氏さんが今一番困っていること、悩んでいること、知りたいことをとりあげたもので、わかりやすくするために、阿部さん、佐藤さんといった架空の杜氏さんに登場してもらい、問答形式にまとめてみました。

よい吟醸酒をつくるためには、基本をよく理解し、しかも新しい情報の収集に努めることが大切です。本書をその際の一つの参考意見として活用していただければ幸いです。

また吟醸酒が、多くの日本酒ファンにとっても、より一層味わい深いものになるように、いささかでもお役に立てれば望外の幸せです。

目次

吟醸酒づくりの工程

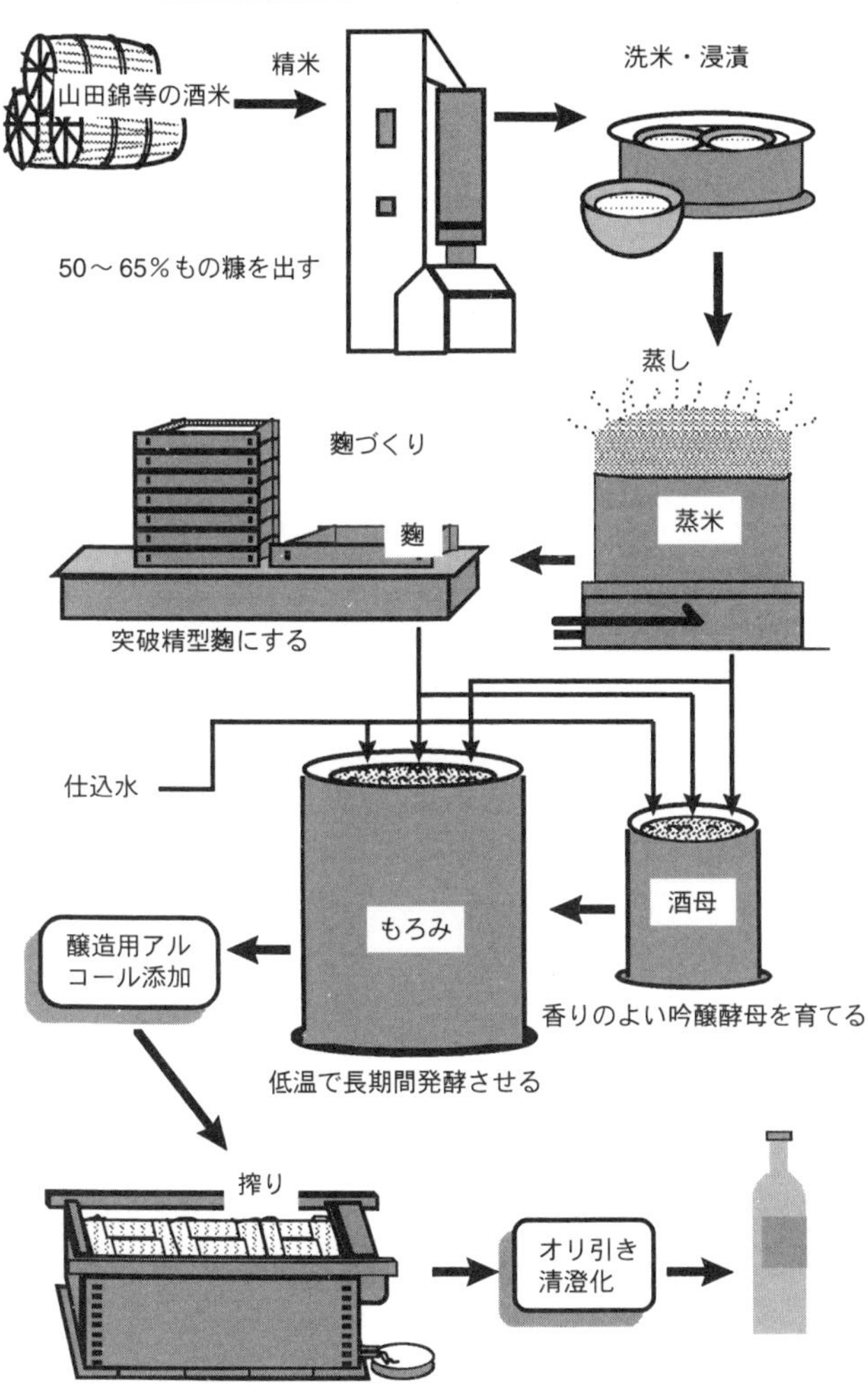

山田錦等の酒米
精米
50～65％もの糠を出す
洗米・浸漬
蒸し
蒸米
麹づくり
麹
突破精型麹にする
仕込水
酒母
香りのよい吟醸酵母を育てる
もろみ
低温で長期間発酵させる
醸造用アルコール添加
搾り
オリ引き
清澄化

1　吟醸酒づくりを基本から見直したい

【聞き手】阿部さん――杜氏歴二三年、六〇歳代後半

大内　すっかり新緑の季節となりましたね。新酒の火入れはもうすみましたか。
阿部　ええ。先週で全部終わって、今日郷里に帰るところです。
大内　お疲れさまでした。ところで、阿部さんは杜氏になって今年で何年になりますか。
阿部　かれこれ二〇年になります。四三歳のときに杜氏になったのだから、今年で二三年めですか。
大内　大ベテランですね。もう、ご自分の流儀を究められたのでしょうね。
阿部　いえ、それがなかなかそうはいきません。この歳になっても迷うことばかりです。とくに吟醸酒づくりでは、近頃迷いが一層深まったような気さえします。
大内　今回の全国新酒鑑評会ではどうでしたか。

阿部　今年も駄目でした。これまで何回か金賞をとったこともあるんですが、今振り返ってみると、皆まぐれ当たりだったような。というか、これなら絶対大丈夫という自信作はなかったような気がします。

それで今日は、吟醸酒づくりの基本から教えていただきたいと思ってお邪魔したようなわけです。このままでは、若い人に酒づくりの技術を伝えるにしても、自信がもてないものですから。

大内　それはまたご謙遜を。大ベテランにしてこの謙虚さには本当に敬服しますよ。

阿部　とんでもないです。

大内　大ベテランの阿部さんに吟醸酒づくりの基本だなんて、まさに釈迦に説法ですが、そうまでおっしゃるのなら、私もその気になってお話してみようかな。少し長くなりますが、いいですか。

阿部　よろしくお願いします。

■ポイント1　よい吟醸酒の形をつかむ

大内　さて、よい吟醸酒をつくるためにはどうすればよいか、ポイントだけをいくつかお話したいと思います。ご存知のことばかりかもしれませんが、まあ、基本ということで、一通りお聞きください。

よい吟醸酒をつくるためには、まず第一にどういう酒がよい吟醸酒なのか、その形をつかむことが大切です（図1）。よい吟醸酒にもいろいろあると思いますが、この場合、鑑評会で金賞をとれるような吟醸酒、ということに限定しましょう。そういう吟醸酒が、本当に市販酒としてもよい吟醸酒なのかどうか、いろいろ議論もありますが、ここではそれには触れないことにします。

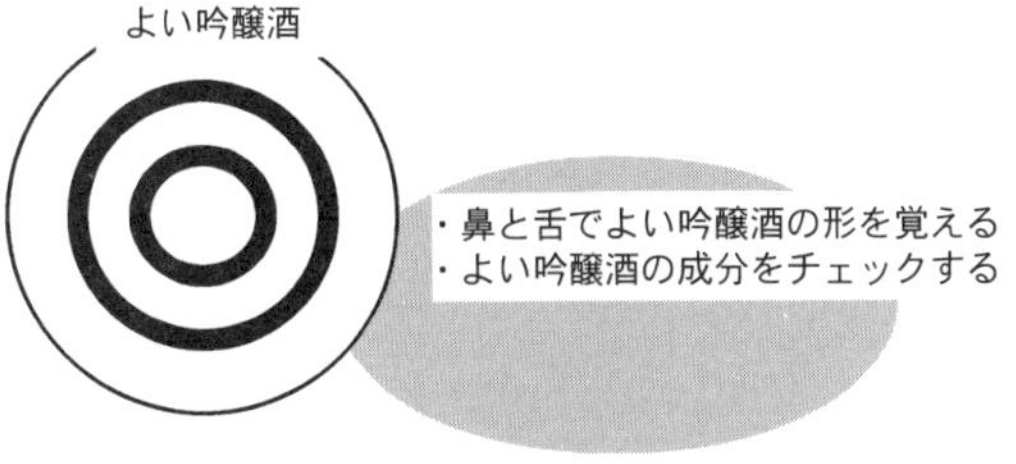
よい吟醸酒
・鼻と舌でよい吟醸酒の形を覚える
・よい吟醸酒の成分をチェックする

図1　よい吟醸酒の形をつかむことが大切

鑑評会で金賞をとれるような吟醸酒はどんな形になっているか、金賞をとれない吟醸酒はどこに欠点があるのか、実際に多くの吟醸酒をきき酒して鼻や舌でしっかりと覚えるのが一番です。

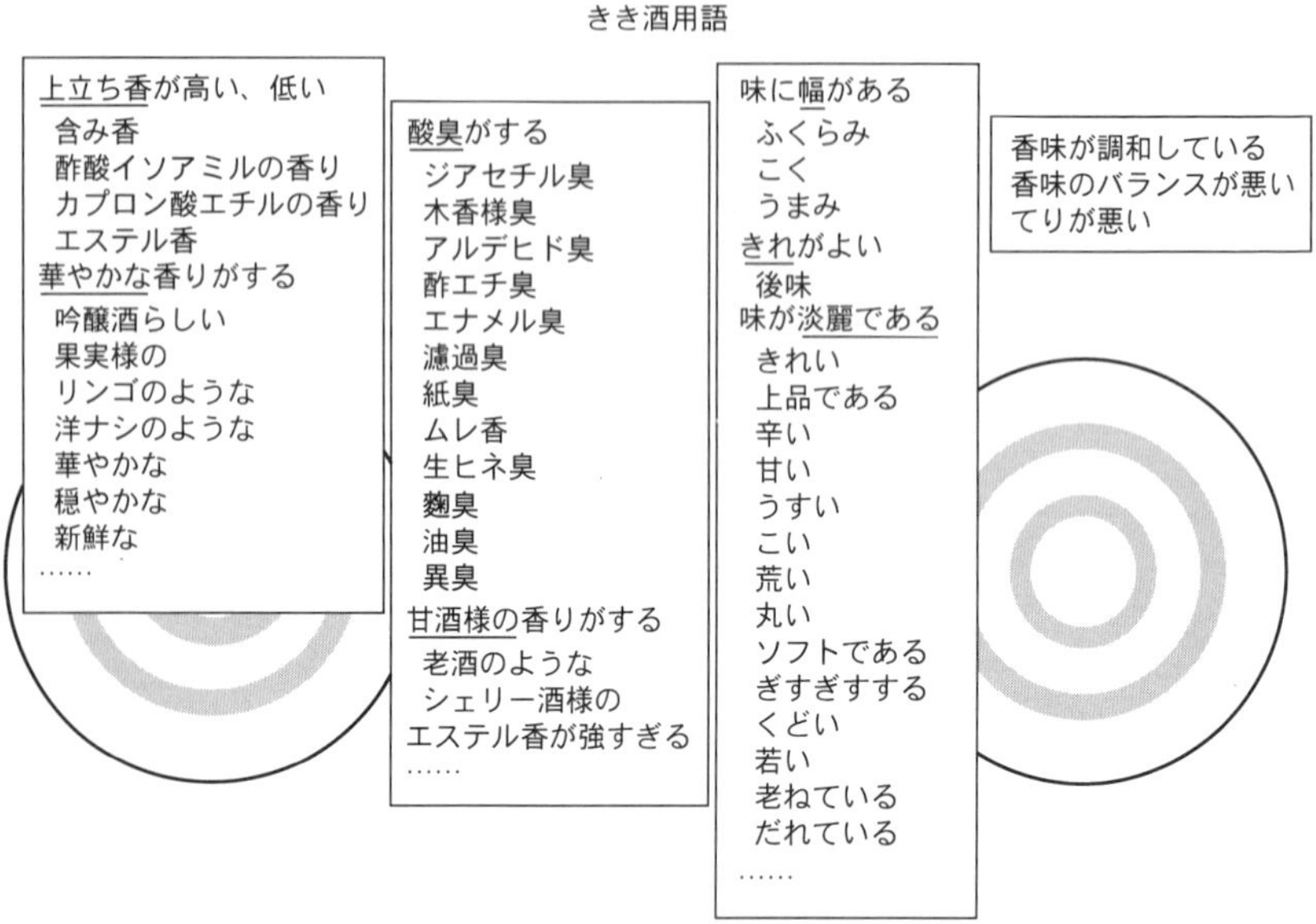

図 2　自己流でもよいから、必ずその特徴を紙に書きとめること

阿部さんは鑑評会の公開きき酒会などにお出かけになりますよね。

阿部　ええ、なるべく出かけるようにはしていますが、会場はいつも混んでいて、なかなかゆっくりときき酒ができません。

大内　たしかに、落ち着いてきき酒できるような雰囲気ではないですね。阿部さんは一般公開のほかにも、いろいろきき酒をする機会があると思いますが、そういうときには努めて酒の特徴を紙に書きとめるようにしたほうがいいですよ。「リンゴのような上立《うわだ》ち香あり」とか、「味が上品でふくらみあり」とか、「香りが強すぎて味とのバランス不良」とか、「アセトアルデヒドの癖あり」とか。自己流でかまいませんから、必ず書きとめることです（図２）。

書いても書かなくても同じだろうという人もいますが、私は書くことで酒の特徴がよりはっきり感じとれるようになると思うんですよ。そうしないと、どうしても漫然ときき酒しがちですから。

阿部　それはわかっているのですが、なかなか実行できないですね。

大内　「言うは易く行うは難し」ですか（笑）。でも、なるべくそれが習慣になるように頑張ってみてください。後輩の方にもぜひ、そういう指導をなさったほうがいいですね。

阿部　はい。若い人にもそうするようにいいます。

大内　それから、金賞をとった吟醸酒がどんな成分になっているか、分析値も見ておいたほうがいいと思います。表１をご覧ください。ここに、平成九酒造年度の全国新酒鑑評会で金賞に入った吟醸酒の分析値がありますが、

表１　全国新酒鑑評会上位酒の成分（平成９酒造年度）

	平均	最高	最低
アルコール（％）	17.66	18.9	16.4
日本酒度	4.51	7.5	0.0
酸度（ml）	1.32	1.8	1.0
アミノ酸度（ml）	0.94	1.5	0.5
イソアミルアルコール（ppm）	117.91	176.6	84.0
酢酸イソアミル（ppm）	3.33	5.9	1.4
E/*A* 比（×100）	2.83	4.8	1.3

（平成９酒造年度全国新酒鑑評会出品酒の分析について、醸造研究所報告、第171号より）

全国平均値はアルコールが一七・六六、日本酒度がプラス四・五一、滴定酸度が一・三一、アミノ酸度が〇・九四、イソアミルアルコールが一一七・九一ｐｐｍ、酢酸イソアミルが三・三三ｐｐｍ、E/A比が二・八三となっています。

もちろん、分析値が同じだからといって、必ずしも金賞がとれるとはかぎりませんが、それがあまりかけ離れているのは問題でしょうね。阿部さんの出品酒の成分は、今年はどうなっていますか。

阿部　アルコールが一七・九、日本酒度がプラス五・五、滴定酸度が一・五、アミノ酸度が一・四でした。

大内　平均値とは少し離れていますね。でも、まあまあですか。イソアミルアルコールと酢酸イソアミル、それからカプロン酸エチルはどうでしたか。

阿部　いえ、それはわからないのですが。

大内　そうですか。最近の吟醸酒は香りが命ですからね。ぜひ、香気成分の分析値もつかんでおいたほうがいいですよ。とくに、吟醸香の主要成分である酢酸イソアミルとカプロン酸エチルの濃度は重要です。

阿部　酢酸イソアミルとカプロン酸エチルですか。

大内　ええ。香気成分の分析にはガスクロマトグラフという装置が必要ですから、手元で分析できるメーカーは少ないと思いますが、例えば、国税局の鑑定官室や県の工業技術センターなどに分析値を問い合わせてみてはいかがでしょう。

それから、酒のグルコース濃度も、本当は知りたいところです。清酒の味として大事な甘さに関係する成分ですから。

阿部　酒の甘辛は、日本酒度でもわかると思いますが、それだけでは駄目ですか？

大内　そのほかにグルコースの値も知りたいですね。グルコースの分析は、まだ一般的には行われていませんが、今後はできるだけやるべきだと思います。

■ポイント2｜酵母を選び使いこなす

大内　大事なポイントの二つめは、よい酵母を選ぶことです（図3）。もちろん、酵母がよいからといって必ずよい吟醸酒ができるわけではありませんが。

阿部　それはそうでしょうけど。

大内　酵母も環境というか、与えられた条件によって能力の出し方が違ってきます。人の能力もそうですが、酵母にも同じことがいえます。例えば、原料米の精白度とか発酵温度の違い、麹の出来具合などによって、香気成分の生産が増えたり減ったり、有機酸の生産

図 3　よい酵母を選び、それを使いこなすことが大切
酵母の素質は遺伝的に決まっているが、環境によって能力の出し方が違ってくる

が増えたり減ったりするわけです。ですから、酵母の能力をいかに上手に引き出すか、それが腕の見せどころです。

しかし、いかに腕がよくても、酵母が悪ければよい吟醸酒は望めません。そういう意味では、酵母と杜氏さんの腕は車の両輪といってもいいでしょう。

さて、酵母に能力を十分発揮させるための具体的な醸造条件については、後でお話しますが、ここでは一つだけ、大事なことを述べておきましょう。それは、発酵を絶対もたつかせないということです。どんなによい酵母を使っても、発酵をもたつかせたら駄目ですからね。もろみでボーメの切れが悪く、糖分を食わなくなったような場合は、もう絶望的です。絶対によい吟醸酒はできません。ですから、発酵経過をスムーズにすること、これが肝心です。

阿部　発酵がもたついたときに、いい吟醸酒ができないことは、これまで何度も経験しています。

大内　普通酒の醸造のように、温度を一五℃から二〇℃までも上げられる場合には、発酵がもたつくこともないのですが、吟醸酒づくりでは、ほとんど一〇℃以下でぎりぎりの発酵をさせますから、下手をすると、すぐもたつくわけです。

阿部　危ない綱渡りのようなものですからね。

大内　使う酵母の性格をつかむというか、その酵母に慣れることが大切です。阿部さんは、どんな酵母を使っていますか？

阿部　協会九号です。

大内　協会九号は低温での発酵力も強いし、阿部さんも使い慣れていると思いますが、カプロン酸エチルを多くつくる酵母は、一般的に発酵力が弱いようですね。それに、あまり最初から発酵を走らせすぎると、後半でバテる場合もあるようです。

阿部　扱いにくい酵母のようですね。

大内　でも、使いこなしている杜氏さんは大勢いますから。

阿部　そうかもしれませんが。

大内　なかには、酵母を次々と変える人がいますが、それは考えものです。酵母を変える前に、まず使いこなすことを考えるべきでしょう。

阿部　これはどうも、耳が痛いですね。

大内　阿部さんの場合そういうことはないと思いますが（笑）。

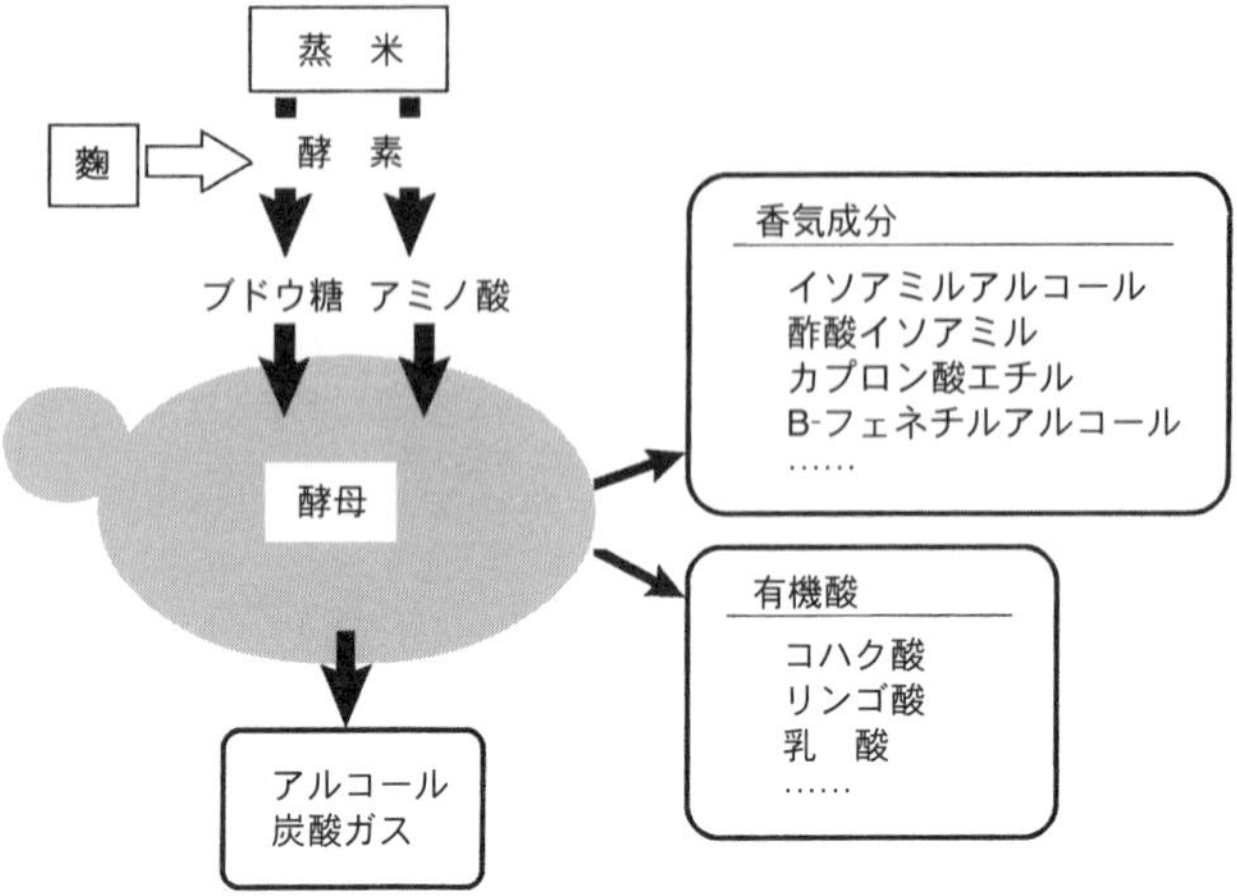

図 4　酵母はアルコールのほか、香り成分、味成分も生産する

阿部　まあ。でも、いい吟醸酒ができないときには、正直いって酵母のせいにしたくなることもあります。

大内　吟醸用酵母の種類については、時間があれば後で触れることにして、話を戻しますと、酵母はアルコールのほかにいろいろな香気成分、有機酸、その他の香味物質を生産しますが（図4）、その能力は酵母の種類によって違います。しかし同じ酵母でも、おかれた環境によって能力の出し方が違ってきます。

ですから、繰り返しになりますが、よい酵母を選ぶとともに、その酵母に能力を十分発揮させること、それが大事なポイントです。これからお話する吟醸酒づくりのキーポイントも、多くは酵母の能力発揮と関係があるのです。

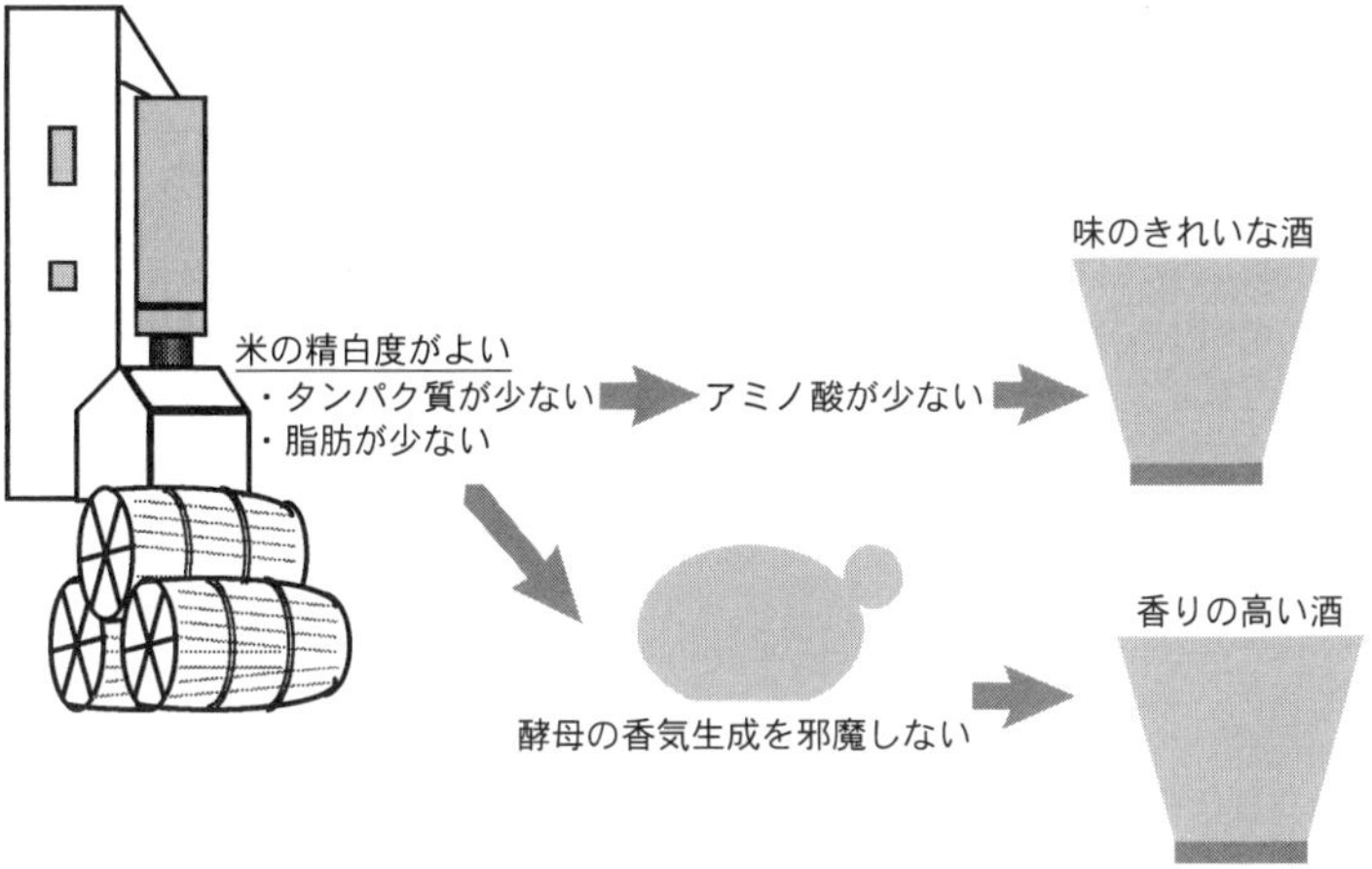

図 5　米を白く磨くことが大切
米の精白度は酒の味だけでなく香りにも影響する

ポイント3　米を白く磨く

大内　米を白く磨くこと、これも酵母の能力を引き出すための大事なポイントです（図5）。

阿部　えっ、精米も酵母の能力発揮と関係があるんですか？　米を白く磨くのは、酒の味を軽くするためと聞いていましたが。

大内　実はあるんですよ。もちろん、吟醸酒をソフトで上品な味にすることが精米の目的の一つですが。

阿部　精米をすると酒の味が軽くなるのは、精米によって米のタンパク質が減って、その結果、酒のアミノ酸が少なくなって味が軽くなる、こういうことでいいですね？

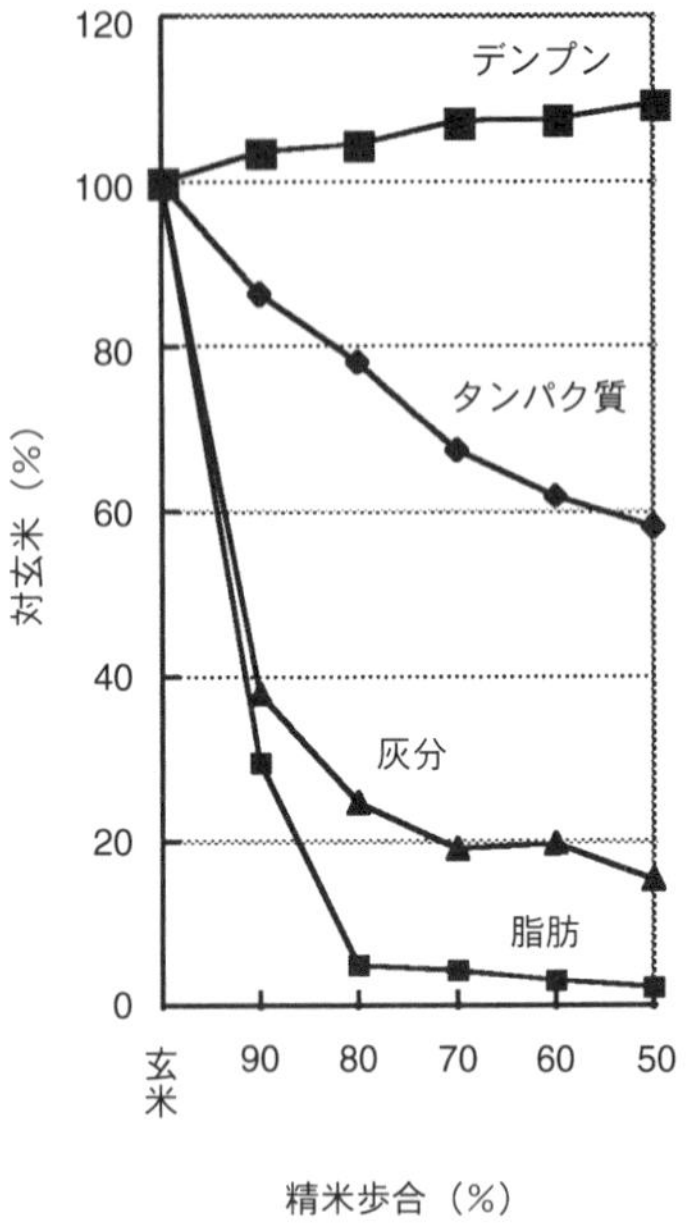

図 6　精米による成分の変化
（大塚謙一編著：醸造学、養賢堂、1981年、16頁のデータに基づいて作成）

大内　そのとおりです。米のタンパク質は米粒の外側に多く片寄っていますから、精米すればそれだけタンパク質の少ない白米になるわけです。図6をご覧ください。これは精米歩合と白米成分との関係を示したものですが、玄米のタンパク質含有量を一〇〇とすれば、精米歩合五〇%の白米では六〇くらいになっています。

白米のタンパク質は、麹菌がつくるタンパク分解酵素、プロテアーゼによって分解されてグルタミン酸、アラニン、ロイシンなどのアミノ酸になりますが、タンパク質が少なければ、酒のアミノ酸も少なくなるわけです。酒のアミノ酸は旨味に関係する大事な成分ですが、多すぎると酒がくどくなったり、貯蔵中に色が濃く着いたり、いわゆる老香《ひねか》といって老熟臭が出やすくなったりするわけです。その点、アミノ酸の少ない吟醸酒は、味がすっきり淡麗だし、貯蔵中にも着色が少なく、老香も出にくいのです。

ただし、アミノ酸は少なければ少ないほどいいというのではなく、少なすぎると酒の味が乏しかったり、酸が浮いたり、渋味が感じられたりしますから、注意が必要です。

阿部　どれくらいあればいいのでしょうか？

大内　吟醸酒の場合には、アミノ酸度で〇・九から一・二くらいでしょうね。

阿部　全国の鑑評会で金賞酒の平均は〇・九でしたか。そのくらいが一番いいわけですね。

大内　そうです。

阿部　米を磨く理由はほかにもありますか？

大内　ええ。もう一つの理由は香りを高くするためなんですよ。

阿部　香りにも関係があるのですね？

大内　そうです。フルーツのような芳香は、まさに吟醸酒の命ですが、その芳香成分を生産するのは何かというと、それは酵母です。この点はいいですね？

阿部　それはわかります。

大内　その酵母による芳香成分の生産が精米歩合によって大きく影響を受けるのです。どうしてかというと、実は米の脂肪に関係があるからです。米粒の外側にはタンパク質だけでなく、脂肪も多いことはご存知ですね？　それは図6からもわかると思いますが。

阿部　はい。米糠に脂肪が多いことからも、それは実感できますね。

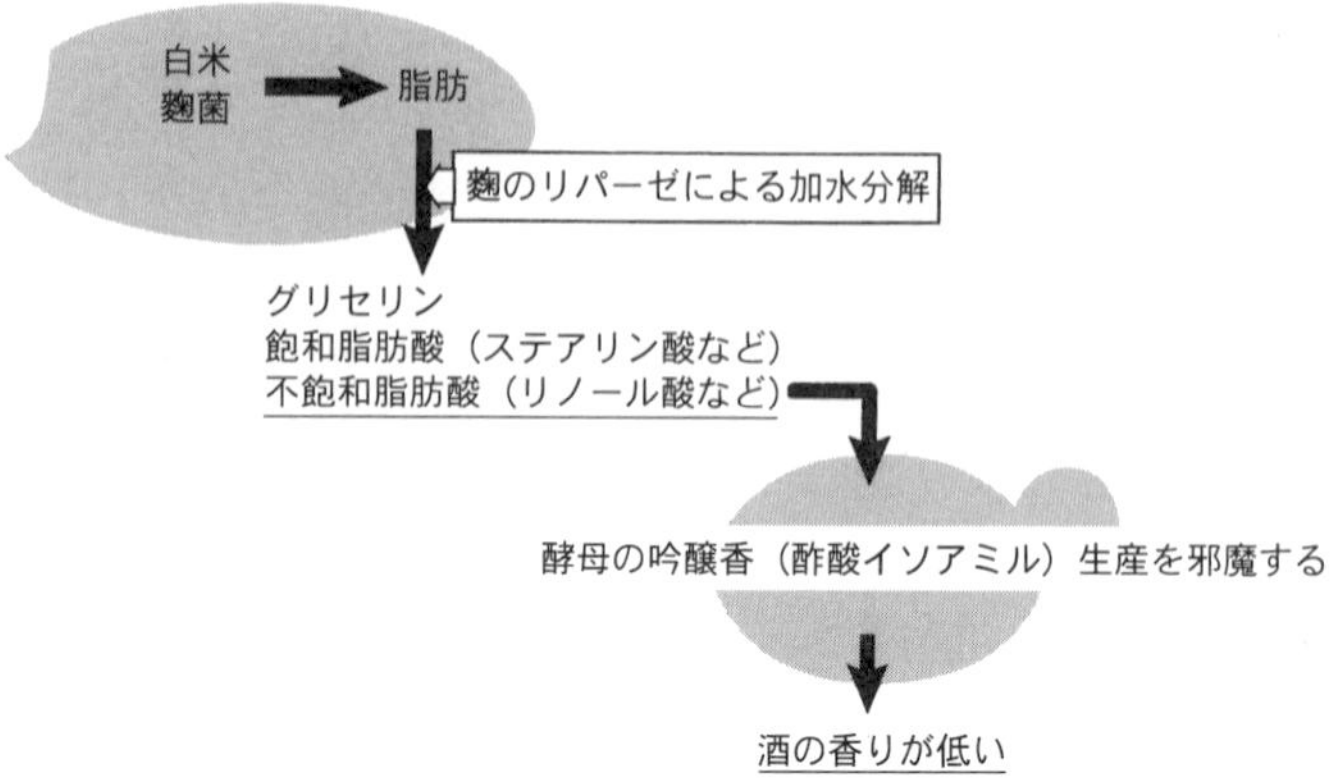

図 7　脂肪分解物中の不飽和脂肪酸が酵母の吟醸香生成を邪魔する

大内　米の脂肪は、図7のように、麹菌のつくる脂肪分解酵素、リパーゼによって分解されて脂肪酸という成分ができますが、その脂肪酸には飽和脂肪酸と不飽和脂肪酸という二種類があって、そのうちの不飽和脂肪酸がいけないんですね。それが多いと、酵母の吟醸香生産が強く抑えられます。

ですから、米を白く磨くと、結局、不飽和脂肪酸が減少し、その結果、酵母の芳香成分の生産能力が高まり、香りのよい酒ができる、という仕組みになるわけです。

阿部　なるほど、そんな仕組みもあるんですか。

大内　米油にはリノール酸が多く含まれていますが、このリノール酸も不飽和脂肪酸の一種です。最近、リノール酸を酵母の発酵液に加えると、酢酸イソアミルの生産に関係する遺伝子が強く抑えられるということが遺伝子工学の手法によってはっきりと示されました。

阿部　遺伝子工学ですか。

大内　酵母が酢酸イソアミルを多くつくるかどうかは、基本的には酵母の遺伝子の善し悪しによって決まります。ですから、野生酵母のような遺伝的素質の悪い酵母は、芳香成分をたくさんつくらせようと思っても無理な話ですが、素質のいい酵母でも条件が悪ければ能力をよく発揮できない。その悪い条件の一つが、不飽和脂肪酸というわけです。

阿部　そうですか。

大内　不飽和脂肪酸の多いもろみの中では、酵母の酢酸イソアミルをつくるための遺伝子がよく働かなくなるのです。簡単に説明しますと、遺伝子の働きが抑えられるというのは、こういうことです。

　つまり、酵母には酢酸イソアミルを生産するための遺伝子*ATF1*があって、それに基づいて酢酸イソアミルを合成する酵素AATがつくられます。しかし、酵母のまわりに不飽和脂肪酸がたくさんあると、その*ATF1*遺伝子の働きが抑えられるということです。そうすると、酢酸イソアミルを合成する酵素ができなくなり、その結果、酢酸イソアミルが生成されなくなる、というわけです。

阿部　どうも遺伝子の話は難しいですね。要するに、米が黒いと脂肪が多く、脂肪が多いと不飽和脂肪酸が多く、不飽和脂肪酸が多いと酵母の酢酸イソアミル生産が悪くなる。だから、不飽和脂肪酸を少なくするために米を白く磨く、ということですね。

大内　要するにそういうことです(笑)。よい吟醸酒をつくるためのポイントの一つは、米を白く磨くということ。それから、素質のよい酵母と悪い酵母がいますから、素質のいい酵母を選ぶことも大事なポイントです。

阿部　それはわかります。

大内　ついでに、これも難しいと叱られそうですが、米を白く磨く理由はほかにも考えられます。やはり香りの質を高めることなんですが、イソアミルアルコールの生成をほどほどにするということです。イソアミルアルコールのことはご存知ですね？

阿部　ええ、まあ。

大内　イソアミルアルコールは、酒にとってなくてはならない成分ですが、あまり多すぎると香りの質が少し重くなるので、吟醸酒のようなデリケートな酒には問題でしょうね。

阿部　そうですか。それで米の白さとはどういう関係があるんですか？

大内　ロイシンというアミノ酸と関係があるのです。イソアミルアルコールも酵母が生産しますが、その生産量は酵母の種類のほかに、もろみ中のロイシンの量によっても左右されます。精米によってタンパク質を除かないと、もろみにロイシンが多くなり、酵母がそれをイソアミルアルコールに変えるので、イソアミルアルコールの生成も多くなるというわけです。

阿部　イソアミルアルコールはどの程度あればよいですか。

大内　一〇〇ppmくらいでしょうか。一五〇ppm程度まであればまあまあですが、二〇〇ppmにもなると、酒の香りが重く、冴えない感じになります。

阿部　重くなるんですね。E/A比というのは、あれは酢酸イソアミルとイソアミルアルコールとの比率でしたか。

大内　そうです。酢酸イソアミルの濃度をイソアミルアルコールの濃度で割って、一〇〇を掛けた値です。

阿部　そうすると、この数値はイソアミルアルコールの濃度が低くて酢酸イソアミルの濃度が高い酒では大きくなるわけですから、米を白く磨く吟醸酒のほうが普通酒よりも大きい数値になりますね？

大内　そうなるはずです。普通酒では〇・五程度ですが、最近の吟醸酒では二から三くらいでしょうか。四を超えるものもかなりあります。それから、米が黒いと、どうしても酸の出方が多くなります。その意味でも米は白く磨いたほうがいいんですよ。

阿部　そうでしょうね。

表 2　全国新酒鑑評会出品酒の精米歩合分布と上位入賞比率

精米歩合（%）	出品数	内上位酒数	同比率（%）
34 以下	26	5	19.2
35～37	359	108	30.1
38～40	450	140	31.1
41～43	4	2	50.0
44～46	19	6	31.6
47～49	2	1	50.0
50 以上	13	2	15.4
	873	264	30.2
平均　37.91			
最大　55.0			
最小　30.0			

（平成 9 酒造年度全国新酒鑑評会出品酒の分析について、醸造研究所報告、第 171 号より）

大内　少し難しいところがあったかもしれませんが、吟醸酒づくりに高精白がなぜ必要か、その理由はおわかりいただけたでしょうか。

阿部　ええ。味の面だけでなく、香りの面からも必要ということですね。よくわかりました。

　すみませんもう一つ。米を磨くのは、精米歩合で何%くらいがいいんでしょうか。

大内　そうですね。表2を見てください。これは平成九酒造年度の全国新酒鑑評会のデータですが、これを見ると精米歩合三八～四〇%の区分が最も多くて全体の半分強。次いで三五～三七%が多いようです。平均値としては、三七・九一%です。

　各精米区分ごとに出品酒のうちの何点が上位酒に入ったかを見ると、精米歩合三四%以下の区分では出品数二六点中五点で、その比率は一九・二%ですが、精米歩合三五～三七%

の区分では三五九点中一〇八点で、比率は三〇・一％。精米歩合三八〜四〇％の区分では四五〇点中一四〇点で、比率は三一・一％です。それから、四四〜四六％の区分では一九点中六点で、比率は三一・六％。四七〜四九％の区分でも二点中一点が入ってますから、入賞率という点では精米歩合三五％から四九％までほとんど変わらないといっていいでしょう。

阿部　そうですか。三五％まで磨かなければ駄目かな、と思っていましたが。

大内　秋山裕一先生は、三五％までも精米する必要が本当にあるんだろうか、五〇％でもいいのではないか、とおっしゃっていますが、表2はそれを裏付けているようですね。

私も、五〇％の精米でも、よい吟醸酒をつくるのが腕の見せどころだろうと思います。もちろん、製造コストを気にしなければ四〇％以下で悪いことはありませんが。

ただし、同じ精米歩合でも、精米の上手下手でタンパク質や脂肪の除去率が違いますから、五〇％といっても、上手に精米された五〇％の場合ですよ。

阿部　五〇％ですか。

大内　ええ。無効精米歩合が五％程度出るでしょうから、それを計算に入れれば、四五％でしょうか。

■ポイント4―突破精麴《つきはぜ》にする

大内　それでは、次のポイントに話を進めましょうか。吟醸酒づくりにとって、麴のつくり方も極めて大事です（図8）。

阿部　吟醸麴は突破精麴でないと駄目だ、と先輩に教えられたので、そうするように心がけてきたのですが、正直いってなぜ突破精でないといけないのか、よくわからなかったですね。

大内　そうでしょうね。その理由がはっきり説明できるようになったのは、ごく最近のことですから。

阿部　そうなんですか。

大内　これも、酵母の能力発揮という観点からみるとわかりやすいかもしれません。ちょっとこみいっていますが。

阿部　また酵母の能力発揮ですか。

大内　ええ。吟醸酒づくりは低温で長期間、じっくりと発酵させますから、酵母がその間ずっとグルコースを必要とする

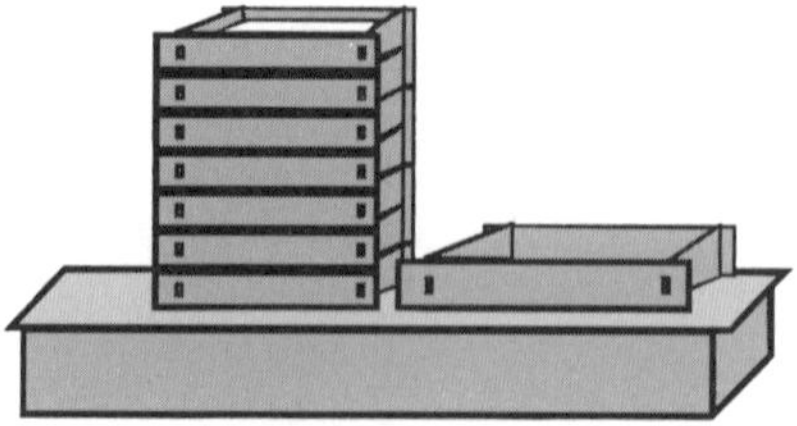

図8　突破精麴をつくることが大切
麴菌の増殖が少ないわりにグルコアミラーゼ力の強い麴を目指す

わけですが、そのグルコースを供給するのが麹の第一の役目です。ですから、それだけの強いデンプン分解酵素、アミラーゼ力が必要になります。

酵母はグルコースを食べて、というか、それを細胞内に取り込んでアルコールや有機酸や芳香成分などをつくりますから、麹がグルコースを供給してくれないと、アルコールも何もできないことになります。

阿部　でも、強い糖化酵素力ということなら、総破精麹《そうはぜ》でもいいんじゃないでしょうか？

大内　これはなかなか鋭い質問ですね。そう、そこが大事なところです。

たしかに、糖化力の強さだけからいえば、麹菌が蒸米全体に繁殖した総破精麹のほうが、部分的に繁殖した突破精麹よりも強いわけですが。

阿部　酵素力だけじゃないんですね。

大内　いいえ、酵素力は酵素力なんですが、麹菌の増殖量と糖化酵素力との比率が問題なのです。

阿部　なんだか難しそうですね。

大内　つまり、麹菌の増殖が少ないわりに糖化酵素力が強い、ということが求められるんですよ。そこが普通酒の醸造と違うところです。香りをあまり問題としない普通酒の醸造ならば総破精麹でもいいわけですが。

阿部　どうして麹菌の増殖が多いと悪いんですか。
大内　そこが問題です。実は脂肪と関係があるのです。つまり、麹菌は増殖するにつれて細胞を増やしますが、細胞は必ず脂肪を合成しますから、麹菌の増殖が多いとそれに比例して脂肪も増加するわけです。
阿部　あっ、そうか。それが酵母の香りの生産を邪魔するんですね。
大内　そのとおりです。麹菌の細胞の脂肪も、もろみの中で分解される。その結果、不飽和脂肪酸が生じますから、せっかく米の脂肪を精米によって減らしたとしても、麹菌を繁殖させれば、それだけ脂肪を増やすことになるわけです。吟醸酒のように、香りが生命というタイプでは、その程度のことでも問題になるんですよ。
阿部　しかし、麹菌の増殖は少なくして糖化酵素力は強くするなんて、そんなことができるのですか？
大内　できるんですよ。もちろん限度はありますが。
　糖化酵素のうち、とくに重要なものはグルコアミラーゼという酵素ですが、図9のように、この酵素は四〇℃くらいの高い温度でよく生産されるのですね。これに対して麹菌の生育は、三五℃付近が最も適温で、四〇℃では増殖は抑えられます。ですから、四〇℃の高温に長くおくと麹菌の増殖は少なく、グルコアミラーゼ力価の高い麹ができることにな

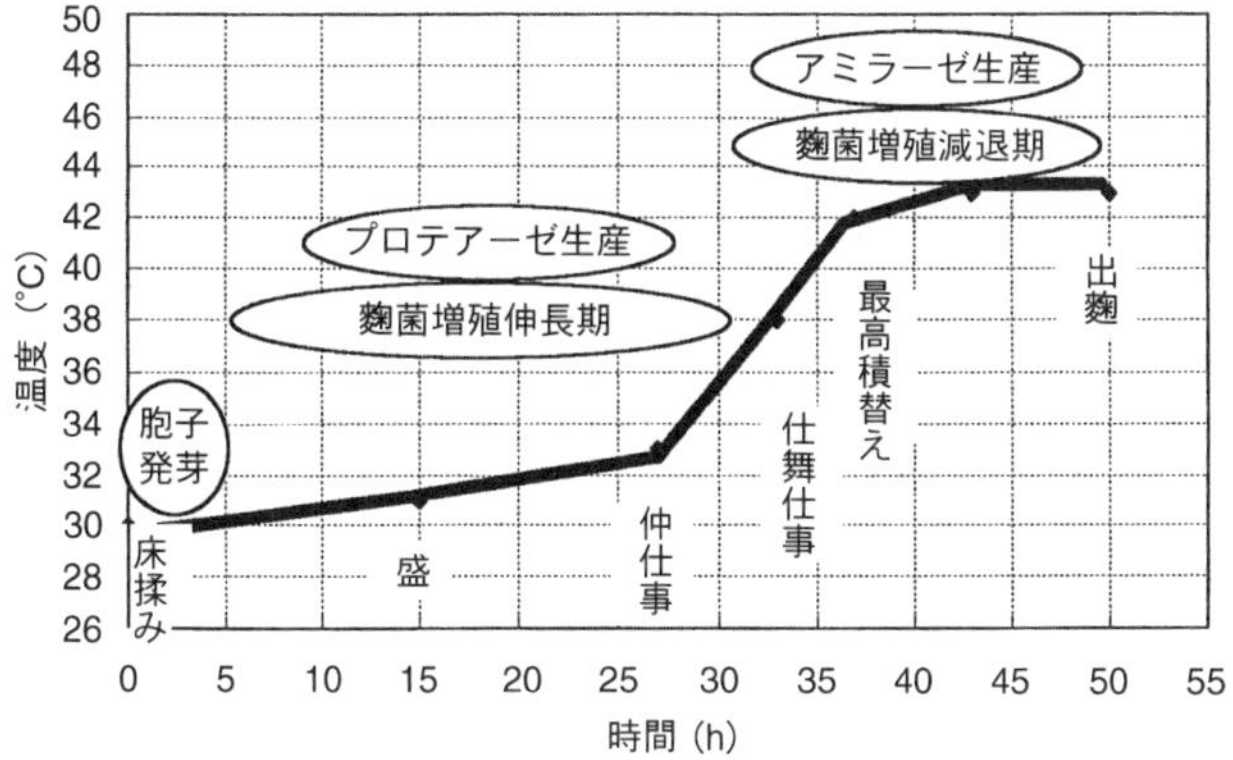

図 9　製麹中のアミラーゼとプロテアーゼの生産
プロテアーゼは麹菌の増殖伸長期によく生産され、アミラーゼは高温で増殖減退期によく生産される

ります。

もっとも、最初から四〇℃にしたのでは駄目ですけどね、麹菌がある程度生育してからでないと。麹菌がまったく生育しなければ、当然、四〇℃にしたところで酵素の生産も何もないわけですから。

阿部　それはそうですね。で、実際の製麹経過はどうすればいいですか。

大内　三五℃付近の温度帯をあまり長く引っ張らずに、温度が四〇℃に達してからの時間を十分とることです。製麹作業でいえば、仕舞仕事から出麹までの時間を長くすることです。

阿部　具体的には何時間くらいですか？

大内　仲仕事から仕舞仕事までの時間は六ないし八時間、温度が四〇℃に達してから出麹までが一〇ないし一六時間くらいでいいんじゃないでしょうか。

阿部　一〇から一六時間とは、ずいぶん幅がありますね。麹の種類で変えるわけですか？

大内　そうです。酒母麹では長く、添《そえ》麹、仲《なか》麹、留《とめ》麹の順に短くするわけです。

阿部　しかし、実際は温度の来方もまちまちですからね。

大内　たしかに、麹菌の増殖速度は蒸米中の水分やカリウムの量によっても違うし、種麹の散布量とか散布の仕方、例えば、種麹をガーゼを通して撒くか、背広の裏地のような目の細かい布を通して撒くか、つまり、麹菌の胞子を塊りとして散布するか、なるべくバラバラに散布するかによっても変わりますからね。

でも、破精廻《はぜまわ》りは、ほぼ胞子の着き方で決まりますから、なるべく条件を統一して、再現性をよくすることが大事です。

阿部　それはそうですね。で、出麹時の破精廻りは、どれくらいがいいでしょうか？

大内　香りの生成を重視するのであれば、留麹の場合で六分程度でしょうか。でも、味のふくらみを重視するのであれば、もう少し廻してもいいかもしれません。破精廻りも、種麹の散布量とか散布の仕方、蒸米の水分などによって変わりますから、現場の散布方法で所定の破精廻りにするには何gの種麹を撒けばよいか、例えば、留麹の場合一〇gがいいかどうかなど、実際に即して決めておくほうがよいと思います。

細かいことですが、総破精麴の問題点としては脂肪のほかにもあって、それはタンパク質も核酸もビタミンも各種の代謝産物も皆多くなるということですね。ですから、総破精麴では酸の出方が多くなるし、酒の味が濃く、くどくなりがちだ、ということです。

阿部　なるほどね。

大内　ところで、突破精麴は、破精廻りが少ないとしても、麴菌の菌糸が蒸米の内部によく破精込《はぜこ》んでいるべきです。麴菌の菌糸が蒸米の表面だけに広がった麴は、塗破精麴《ぬりはぜ》といって、破精廻りが六分でも駄目ですからね。同じ麴菌でも蒸米の表面に生育した菌糸よりは、内部に破精込んだ菌糸のほうがよりグルコアミラーゼを多く生産するらしいです。ですから、塗破精麴は突破精麴に比べて、麴菌体当りのグルコアミラーゼ活性が低くなるわけです。

阿部　そうですか。

大内　結局、麴菌の増殖のわりにグルコアミラーゼを多く生産させるための条件をまとめれば、種麴の散布量を加減して突破精型《つきはぜ》にすること、それから、四〇～四二℃くらいの温度帯を十分に長くとること、となりましょうか。

阿部　突破精にするには、やはり蒸米の水分を少なくすればいいんですか？

大内　そうですね。水分が多すぎると、どうしても麴菌が米粒の表面だけに繁殖して、糖化力の弱い麹になりがちですから。

阿部　蒸米の表面が乾けば、麹菌の菌糸も水分を求めて内部に破精込んでいくんじゃないでしょうか。

大内　そうかもしれません。本当かどうかは、麹菌に聞いてみないとわかりませんが（笑）。ただし、水分は少ないほうがいいからといって、最初から固い蒸米を出すのは考えものです。麹菌が米粒の内部に破精込む前に、ある程度米粒の表層に菌糸を伸ばす期間が必要ですから。

阿部　蒸米吸水率はどれくらいがいいですか？

大内　蒸し上がり直後で四〇から四二％くらいがいいんじゃないでしょうか。麹室に蒸米を引き込んでから種麹を撒くまでにも水分が蒸発しますが、床揉みを終えた時点では三〇％くらいになっているほうがいいと思います。出麹歩合は一八から一九％くらいでしょうか。

阿部　そうすると、床揉みから出麹までの間に乾かすようにもっていかなければならないと思うんですが、どの段階から乾かせばいいですか？

大内　そうですね。水分が蒸発すれば必ず気化熱が奪われて麹の温度が下がりますから、仲仕事以降にしたほうがいいでしょうね。仲仕事から仕舞仕事の頃になると、麹菌の増殖が最も旺盛な時期ですから、増殖に伴う発熱も多くなって、乾かしても温度が下がらなくなるし、乾かさないとむしろ温度が上がりすぎることになります。

阿部　麹室の乾湿差をつけるのはどうでしょうか。

大内　それは必要ですね。乾湿差を大きくするには、一般的には、麹室の温度を上げて相対湿度を下げるわけですが、その場合でも仲仕事以降にすべきでしょう。

阿部　麹室の温度は高くても、乾けば麹の品温は上がらないからというわけですね。

大内　そうです。

遺伝子の話をするとまた嫌われそうですが、最近、遺伝子の研究から、麹菌によるグルコアミラーゼの生産がどういう条件で高まるか、はっきりとわかってきたんですよ。

阿部　また遺伝子の話ですか。

大内　これは月桂冠の研究陣の大変立派な研究でして、どんなことがわかったかというと、まず麹菌はグルコアミラーゼ生産用の珍しい遺伝子をもっているということです。これは新発見ですが、なぜ珍しいかというと、麹のように固体に生育したときだけ働く遺伝子だからです。

阿部　「遺伝子が働く」というのは、「グルコアミラーゼが生産される」ということでいいのでしょうか。

大内　それでいいですよ。この遺伝子は液体培養のときにはまったく働かない。ですから、麹はやはり固体培養でないとできないわけですが、固体培養の場合であっても、水分とか温度などの条件によって働き方が違うらしい。水分が多いと働きが弱まるし、温度は四〇℃付近の高温側でよく働くということです。それから、菌糸が固体の表面だけを伸びるよりも内部に破精込《はぜこ》むほうがより強く働くそうですから、面白いですね。

阿部　そうすると、われわれが先輩から教わった突破精麹をつくるときの製麹条件と大体同じですか。

大内　そうです。昔の人は勘と経験でいい麹ができる条件を見つけたのですが、それが正しいということが遺伝子工学によって証明されたのです。

阿部　勘と経験も馬鹿になりませんね。

大内　もちろんです。科学は進歩しましたが、吟醸酒づくりは、まだまだ経験と勘が物をいう世界ですからね。阿部さんも自信をもってください。

阿部　ええ、まあ。

大内　話は戻りますが、グルコアミラーゼ遺伝子はグルコースによって働きが抑えられることもわかっているのです。グルコアミラーゼはデンプンからグルコースをつくるために必要な酵素ですから、すでにグルコースがあるときには、わざわざグルコアミラーゼを生産する必要はないわけです。その時には遺伝子の働きを止めてしまう。生物には、そうして無駄がないようにコントロールする精密な仕組みがあるのです。

阿部　うまくできていますね。

大内　ですから、湿気麹のように、べたつく麹では、製麹中にもデンプンの分解が進みやすいので、グルコースによる抑制がかかって麹の糖化酵素力は弱くなるわけです。

阿部　麹の手触りとか破精具合の観察とか口で噛んでみるとか、そういったことも大事なんですね。

大内　ええ、それはとても大事です。

阿部　なるほどね。

大内　吟醸酒づくりにとって突破精麹がなぜ大事か、おわかりいただけたでしょうか。

阿部　なんとか……。要するに、麹菌の増殖を少なくして、その割にグルコアミラーゼ活性を高くする、そうしないと酵母の吟醸香の生成が悪くなる、ということですね。

大内　それでいいですね。それと、味も重くなる。

阿部　そうでした。

大内　ついでですから、麹のタンパク分解酵素についても触れておきたいと思います。

タンパク分解酵素は、グルコアミラーゼの場合と違って三五℃以下の低い温度のほうがよく生産されます。この付近の温度は、前にもいったように、麹菌の増殖の最適温度に近いので、タンパク分解酵素は麹菌の増殖量に比例して生産されるわけです（図9参照）。

この点はグルコアミラーゼが増殖の抑えられる高温側でよく生産されるのとは、はっきり違います。ですから、タンパク分解酵素の力価を低くしたいときには、三五℃付近の温度帯にあまり長くおかないほうがいいわけですね。

阿部　タンパク酵素の力価は低いほうがいいんですね？

大内　吟醸酒づくりに関しては低いほうがいいでしょう。低ければ低いほどいいというわけではありませんが。

阿部　そうでしょうね。

大内　酸性プロテアーゼと酸性カルボキシペプチダーゼの二つが麹菌のつくる主なタンパク分解酵素ですが、これらの酵素がないとアミノ酸もできませんからね。アミノ酸は酒の旨味成分ですから、ある程度は必要です。それから、アミノ酸は酵母にとって大事な栄養素ですから、それがないと酒母やもろみで酵母の増殖が悪くなります。そのほか、間接的ですが、酸性プロテアーゼはデンプン分解酵素の作用を助けてくれます。

阿部　複雑なんですね。

大内　ですから、なくてはならないのですが、多すぎるのは問題です。とくに、酸性カルボキシペプチダーゼの力価はそうですね。

阿部　実は、今年の吟醸酒のアミノ酸度は一・四もありました。酸性カルボキシペプチダーゼが強かったんでしょうか。力価は測っていませんが。

大内　一・四ですか。金賞受賞酒の平均値よりかなり多いですね。酸性カルボキシペプチダーゼの力価が高かった可能性もありますが、はっきりとはわかりません。アミノ酸の生成要因としては、ほかにもありますからね。

阿部　どんな要因ですか？

大内　酵母の細胞からアミノ酸が漏れ出してくる場合です。アミノ酸が漏れ出すのは酵母が死んだときか、弱ったり、ショックを受けたときですから、発酵末期とかアルコール添加のときですが。とくに、温度が高いときは起こりがちですね。

阿部　今年は、アル添時のもろみの温度は六℃だったのですが。

大内　添加アルコールの濃度は三〇％ですか？

阿部　そうです。

大内　アル添後上槽までの時間は？

阿部　四時間です。

大内　四時間ならちょうどいいところですね。そうすると、アル添のショックで酵母から大量のアミノ酸が漏れ出た可能性は低いと思いますが、念のため発酵末期から上槽までのアミノ酸度の変化をもろみ経過表で調べてみるのも無駄ではないでしょう。それと、製麴の経過表で仲仕事前後の温度と時間もですね。

阿部　わかりました。

■ポイント5―低温で発酵させる

大内　吟醸酒づくりのポイントとして、低温発酵も大事です（図10）。その理由はおわかりと思いますが。

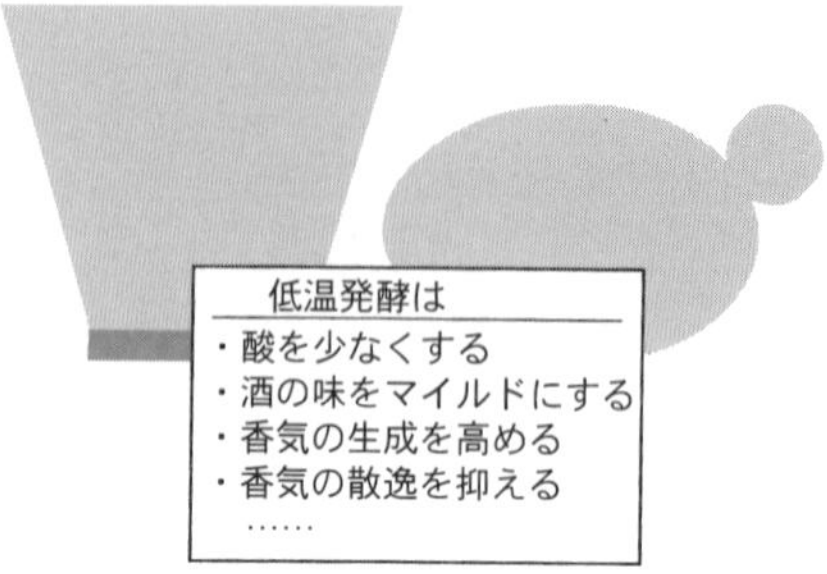

図 10　低温で発酵させることが大切

阿部　低温が大事なことはわかりますが、なぜかといわれると、どうも。

大内　その理由としては、香りの面と味の面の両方があると思いますが、最初に香りの面から話します。

阿部　香りですね。

大内　香り成分の量は、酵母が生産する量とそれが空気中に散逸する量とのバランスによって決まりますが、このうち、散逸のほうは温度が高いほど確実に多くなりますね。

阿部　はい。

大内　酢酸イソアミルやカプロン酸エチルは水にほとんど溶けないか、あるいは、まったく溶けないので、水溶液から空気中に追い出されやすいんですよ。もろみを嗅ぐといい香りがしますね。それは、芳香成分が発散している証拠です。

ですから、それに見合うだけの生産がなければ、香気成分は減るわけです。問題は、生産のほうはどうかということですが。

阿部　香りの生産も低温のほうがいいんですか？

大内　いえ、それが必ずしもそうではないらしいのです。酵母には、前にも述べたように、*AFT1*という遺伝子があって、この遺伝子が働くと酢酸イソアミル生産用の酵素AATが生産されるのですが、この*AFT1*遺伝子は一〇℃よりは二五℃のほうが強く働くようです。

阿部　そうすると、二五℃のほうが酢酸イソアミルを多くつくるということですか？

大内　そうです。ただし、この遺伝子が働くのは、酵母が増殖している間だけのようですから、留添後約一週間だけでしょうね。あとは、その酵素が細胞内でどれだけ長く活性を持ちこたえるかですが、この酵素は温度に弱いようですから。もっとも、酵母の細胞内でもそうなのかどうかはわかりません。

阿部　なんだかややこしいですね。結局、二五℃よりは一〇℃のほうがいいということですか?

大内　そうなると思います。瞬間風速的には二五℃のほうがよいと思いますが、酢酸イソアミルの生産は発酵の前半で終わると見るべきですから、その後は、なるべく酢酸イソアミルを逃がさないようにしなければならない。そのためには、温度を下げたほうがよいのです。

阿部　すると、前半は二〇℃か二五℃にし、中半以降は一〇℃か五℃に下げるというのはどうでしょうか?

大内　しかし、前半温度を上げると酵母の増殖が急激で、酸の生成も多くなりますからね。それに中半からガクンと温度を下げると、酵母の発酵が止まったり、ぐずついたりします。やはり、最高温度は一〇℃から、せいぜい一二℃くらいにして、後半から温度を緩やかに下げていく方式がいいと思います。

阿部　やはり、そうですか。

大内　それから、カプロン酸エチルですが、これは低温のほうが生産もいいようです。

阿部　結局は、低温のほうがいいわけですね。

大内　そうなりますね。低温発酵にはそのほかにも理由があって、酒の味の面ですが、温度を抑えながら長期間発酵させるほうが、高温短期発酵よりも酸の出方も少ないし、きめ細かい酒質に仕上がるようです。

阿部　たしかに、温度が上がると酸も増えるし、味がどうしても荒くなりますからね。

■ポイント6―アルコール添加も大切

大内　吟醸酒づくりのポイントとしては、そのほかにも酒粕をある程度多く出すとかもありますが、最後に一つだけ、アルコール添加について述べておきましょう（図11）。

阿部　アル添については、私もいろいろ迷っています。

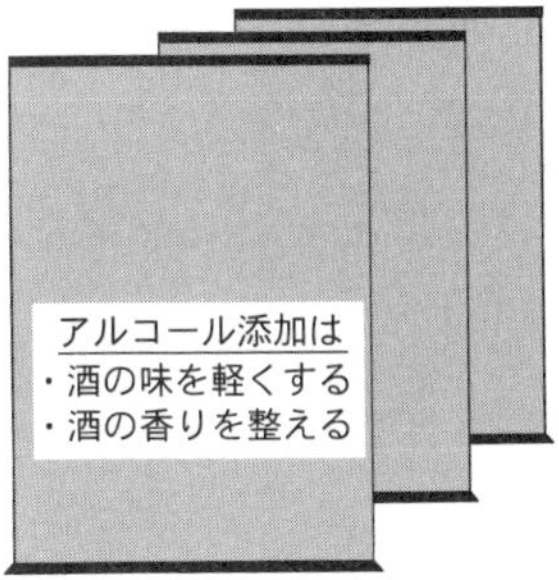
アルコール添加は
・酒の味を軽くする
・酒の香りを整える

図 11　アルコール添加も大事

大内　アル添をしたほうがいいか、しないほうがいいか、ということですか。

阿部　はい。それと、どれだけ添加すればよいか、ですね。

大内　結論を先にいえば、アル添はしたほうがいいですよ。その理由は後でいいますが、添加量については、醸造研究所の発表したデータによれば、表3のように平成九酒造年度の金賞受賞酒のアル添量は、平均で白米一トン当り純ア

表 3　白米1トン当りの純アルコール添加量と上位入賞比率

添加量（t/l）	全体（点数）	上位酒（点数）	同比率（%）
0	26	7	26.9
10	3	0	0.0
20	2	0	0.0
30	3	0	0.0
40	6	2	33.3
50	12	6	50.0
60	27	8	29.6
70	39	10	25.6
80	117	37	31.6
90	179	54	30.2
100	203	59	29.1
110	124	40	32.3
120	108	32	29.6
120 以上	3	1	33.3
	合計 852	合計 256	30.0
平　均	88.6t/l	89.5t/l	
最　大	132	132	
最　小	0	0	

（平成 9 酒造年度全国新酒鑑評会出品酒の分析について、醸造研究所報告、第 171 号より）

ルコールとして八九・五lになっています。

阿部　八九・五lですか。

大内　ええ。ただ問題はアル添前の成分をうまく整えられるかどうかでしょうね。所定量のアルコールを添加したときに、アルコールや日本酒度、滴定酸度、アミノ酸度が、金賞酒の成分バランスと大きくはずれるようではまずいから、アル添後にちょうどいい成分になるように、アル添前の成分をもっていくことが大事だし、そこが腕の見せどころですね。阿部さんもアル添前の目標成分値は設定されていると思いますが。

阿部　一応は……。
大内　その目標のアルコール、日本酒度、滴定酸度は？
阿部　アルコールは一六％、日本酒度はマイナス二か三、酸が一・七です。
大内　目標としてはそのへんがいいでしょうね。
阿部　でも、それに合わせるのがなかなか難しいのです。
大内　それはよくわかります。追い水も上手に使う必要があるでしょうね。
　ところで、なぜアル添をしたほうがいいか、その理由は二つ考えられます。一つは味の面からですが、それはご存知のように、アル添によって味を軽くすることです。
阿部　それはアル添によって酸やアミノ酸などが薄まるわけですから。
大内　ソフトな舌触りですっきりした喉ごしが吟醸酒の特徴ですからね。味を淡麗にするという点でアル添の効用は大きいと思いますよ。アル添なしの吟醸酒、つまり純米吟醸酒では、酸やアミノ酸が多くなって、どうしても濃醇タイプになりがちですから。
阿部　そうですね。
大内　もう一つの理由は香りの面からです。
阿部　香りもアル添によって薄まると思うのですが。そこが心配でして。
大内　その心配はごもっともですが、アル添しても香りがそう低くなることはないですよ。

阿部　どうしてでしょうか。

大内　もろみの中の芳香物質は、酒を搾ったときに大部分が酒粕に残ってしまうのですが、アルコールはそれを酒のほうに戻してくれるからです。もちろん、ある程度ですが。表4を見てください。これからわかるように、アルコール分一五％のもろみでは、イソアミルアルコールは酒粕に二〇％が吸着されるだけですが、酢酸イソアミルは四〇％も吸着され、カプロン酸エチルに至っては八五％も酒粕に吸着されるのです。ですから、もろみでかなり香りがあったのに、搾ってみたらなくなっていた、というようなことになるわけです。これを冗談で「粕と共に去りぬ」というんですが（笑）。

阿部　なるほど。それはよく実感しますね（笑）。

表4　アルコール15％のもろみで酒粕にとられる香気成分の割合

香気成分	酒粕への移行比率
イソアミルアルコール	20％
酢酸イソアミル	40％
カプロン酸エチル	85％

大内　図12をご覧ください。酒粕のモデル実験ですが、香気成分の吸着がアルコール一五％と二〇％の溶液中で、どう違うかを示したものです。カプロン酸エチルは、アルコール一五％の場合には八五％が吸着されますが、アルコール二〇％の場合には八〇％しか吸着されない。

酢酸イソアミルの場合は、アルコール一五％の溶液中で四二・一％が吸着されますが、ア

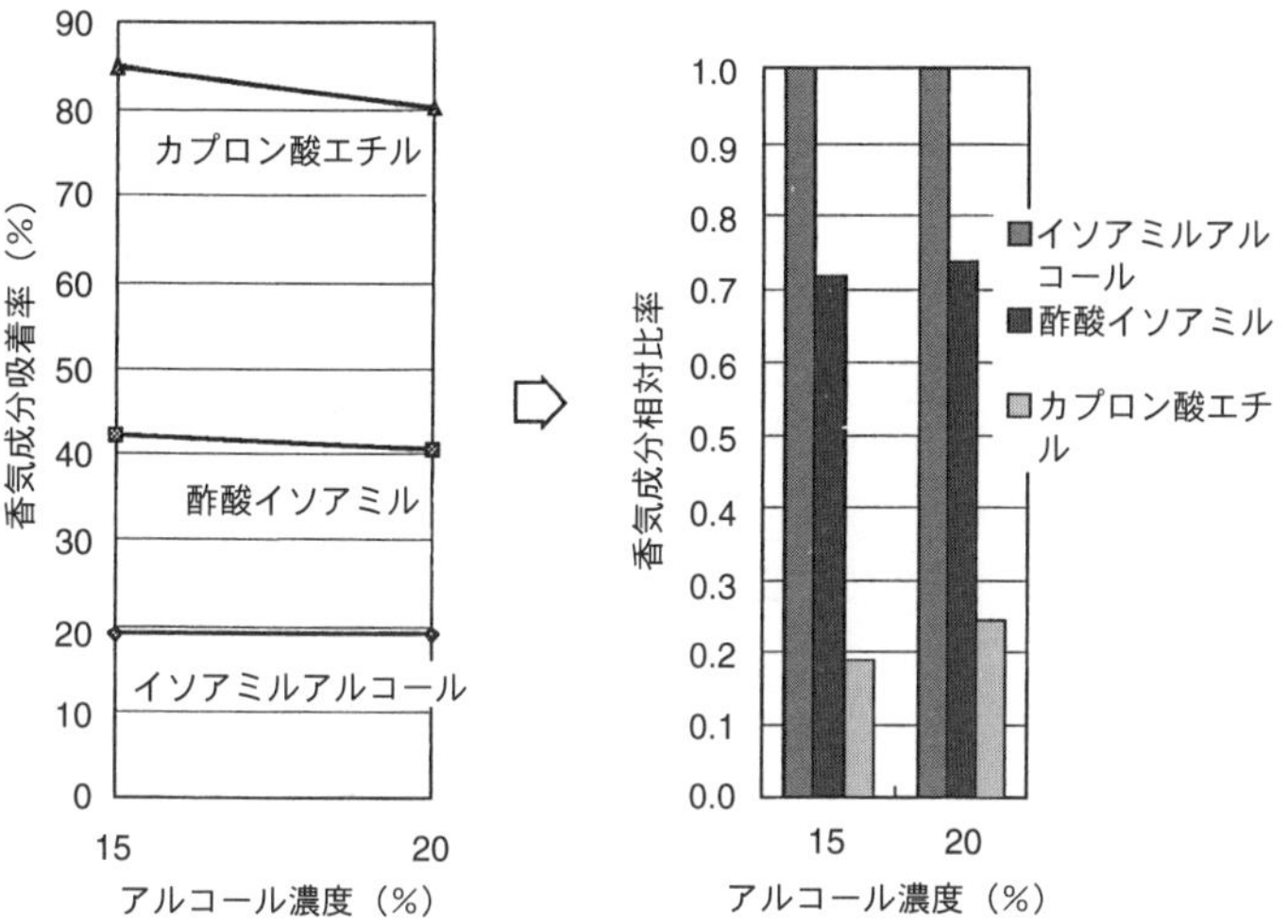

図 12　香気を整えるのもアルコール添加の効用の一つ
カプロン酸エチルと酢酸イソアミルは、アルコール添加によって酒粕への吸着率が下がり、酒に溶出しやすくなる。しかし、イソアミルアルコールの吸着率は変わらない。そのため、カプロン酸エチルと酢酸イソアミルの組成比率が上がり、香気の質が改善される

ルコール二〇％の溶液では四〇・五％しか吸着されないから、やはりアルコール分の高いほうがより溶出されやすくなります。これに対して、イソアミルアルコールの場合は、どちらのアルコール濃度でも一九％の吸着ですから、この範囲ではアルコール濃度の影響は受けないようです。

阿部　一口に香気成分といっても、物によってずいぶん違いますね。

大内　ええ。その違いは水とアルコールに対する溶けやすさと関係があるようです。今度は、表5を見てください。アルコールに対し

表 5　水とエタノールに対する香気成分の溶解率

香気成分	水に対する溶解率	エタノールに対する溶解率
エタノール	無　限	無　限
イソアミルアルコール	2.0%	無　限
酢酸イソアミル	0.25%	無　限
カプロン酸エチル	不　溶	無　限

ては、どれも無限に溶けます。しかし水に対してはイソアミルアルコールは二%、酢酸イソアミルは〇・二五%、カプロン酸エチルはまったく溶けません。ですから、水と相性が悪い成分ほど粕に多くとられ、アルコール分が高まると、今度はそれだけ溶出率も上がるわけです。

阿部　そうですか。

大内　ですから、図12のように、アル添はイソアミルアルコールに対する酢酸イソアミルの比率を上げたり、とくにカプロン酸エチルの組成比率を高める効果が考えられます。

阿部　そうすると、アル添しても香りは薄まらないということですか？

大内　アル添によって、例えば計算上もろみで三割薄まるとしても、酒になったときにカプロン酸エチルや酢酸イソアミルは、それだけ薄まらないということですね。それに、酢酸イソアミルやカプロン酸エチルのような吟醸香成分の組成比率を高めて、香りの質をよくする効果もあります。

阿部　なるほど。要するに、アル添しても香りは低くならないと考えていいんですね？

大内　少なくとも、人間の嗅覚ではっきりと感じられるほどにはね。

阿部　それを伺って安心しました。

大内　ところで、阿部さんはウイスキーはお飲みになりますか？

阿部　ウイスキーですか、いいえ。

大内　そうですか。実は、ウイスキーを水割りにすると、プーンと香りが立ってくるんですが、これはアルコールが薄まると、今まで溶けていた芳香成分が追い出されてくるからです。

阿部　？

大内　（笑）何をいいたいかというと、アルコールには保香効果があって、アルコール分が薄いと香りは逃げやすくなるということです。酢酸イソアミルやカプロン酸エチルは、アルコールにはよく溶けますが、水にはほとんど溶けない。ですから、アルコール分が薄まると芳香物質が追い出されてしまうんですね。水割りのときに香りが立つのは、そのせいなんです。

阿部　なるほど。

大内　いずれにしても、アル添はしたほうがいいですよ。少なくとも、鑑評会に出品する吟醸酒ではね。実際、鑑評会の出品酒は、ほとんどがアル添した吟醸酒ですから。

阿部　よくわかりました。

大内　結局、よい吟醸酒をつくるためには、これまで大事だといわれてきたポイントを一つひとつきちんと守ること。それに尽きるわけですが、それぞれのポイントがなぜ大事なのか、それを念頭において、さらに頑張っていただきたいですね。それから、どういう酒がよい吟醸酒なのか、その形をつかんで、これなら鑑評会で入賞するだろうとか、ある程度判断できるようにしておくことが大事です。それと、絶対に金賞をとるんだ、という執念もね。

阿部　わかりました。

大内　具体的なことで何か疑問がありましたら、いつでも電話なり、手紙をください。その際には、製麴経過、酒母、もろみの製造経過など、現場のデータがあったほうがいいですね。

阿部　今日はありがとうございました。とても勉強になりましたが、正直いって、今は頭がこんがらがっています。帰って頭の中を整理してみます。またご相談させていただくかもしれませんが、その時はよろしくお願いします。

2 最近の吟醸酒は変わったのですか

【聞き手】佐藤さん――杜氏歴一九年、六〇歳代前半

大内　初呑み切りはどうでしたか？

佐藤　お蔭様で火落ち、異常着色、異味、異臭などの指摘もなく、ほっとしています。

大内　それはよかった。初呑み切りがすむまでは心配ですからね。今年の酒の熟し具合はどうでしたか？

佐藤　まあまあだと思います。味がだいぶ乗ってきましたが、老香《ひねか》が出かかっているのは一部だけで、品質的にも純米酒、本醸造酒、普通酒は全般的に良好ということでした。ただ……、吟醸酒はいまいちというところですね。

大内　そういえば、しばらく全国新酒鑑評会の金賞からも遠ざかっているようですね。

佐藤　それで、どこが悪いのか教えてもらいたいと思って、お邪魔したようなわけです。

■吟醸酒の形は変化している

大内　佐藤さんが三年続けて金賞をおとりになったのはいつ頃でしたか？

佐藤　昭和六〇、六一、六二年です。当時は、これで吟醸酒づくりをマスターしたと密かに自惚《うぬぼ》れていたんですが。その後平成元年に一度とったものの、最近はどうも駄目ですね。

大内　一〇年以上前になりますか。最近の吟醸酒は以前の吟醸酒とは違ってきましたからね。

佐藤　私もそれは感じているんです。

大内　以前は「ＹＫ三五」といって、米は山田錦、酵母は協会九号系、精米歩合は三五％の組合せでないと金賞はとれない、などといわれたものですが、今はＹＫ三五では金賞をとれなくなったのかもしれませんね。

佐藤　えっ、そうなんですか！　米をもっと白く磨かないと駄目だということですか？

大内　いえ、そうじゃなくて、酵母のほうですよ。

佐藤　酵母ですか。

大内　佐藤さんは、酵母は何を使っていますか？

佐藤　以前、金賞をとったときと同じ系統の酵母ですが。
大内　どういう酵母ですか？
佐藤　たぶん、協会九号系だと思います。
大内　そうですか。今年出品した吟醸酒の酢酸イソアミルとカプロン酸エチルの濃度はわかりますか？
佐藤　はい。鑑定官室の先生から教えてもらいましたから。たしか、酢酸イソアミルは四くらい、カプロン酸エチルは二くらいだったと思います。
大内　アルコールは？
佐藤　一七・六％。
大内　日本酒度は？
佐藤　プラス五・〇。
大内　酸度とアミノ酸度は？
佐藤　一・四と一・〇です。
大内　それは飲んで旨そうな感じの酒ですね。
佐藤　まあ……。
大内　ただ、鑑評会で金賞を狙うとすれば、カプロン酸エチルの濃度がもう少しあったほ

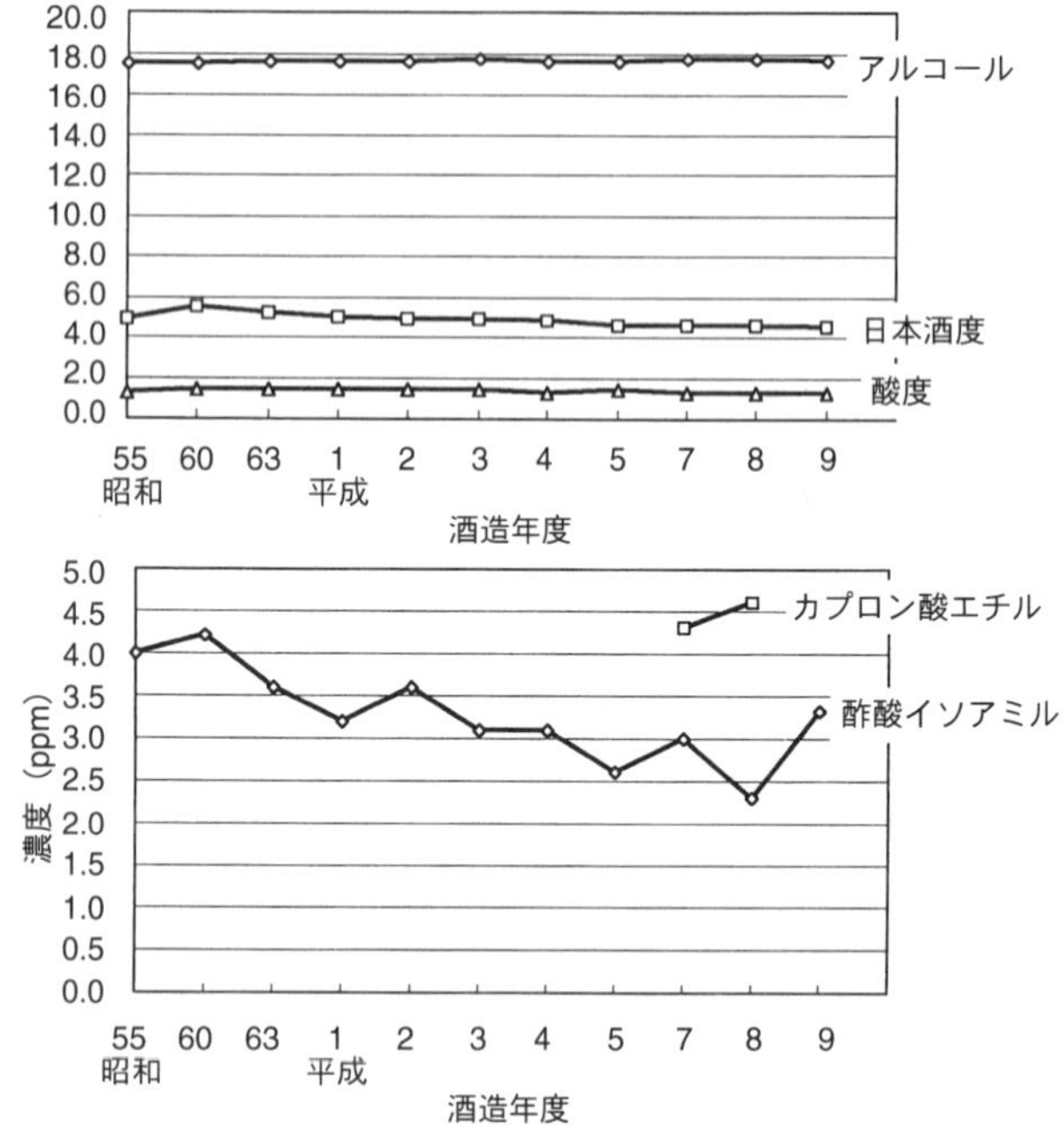

図 13　全国新酒鑑評会上位酒の成分変化（平均値）（醸造研究所報告、第 171 号等より）

うがよかったかもしれません。最近の吟醸酒はカプロン酸エチルが多くなっていますから。

佐藤　どれくらいですか？

大内　ここに全国新酒鑑評会で金賞に入った吟醸酒の成分の年次変化（図13）があるので見てください。昭和六〇酒造年度の酢酸イソアミルの平均値は四・二ｐｐｍですね。それが年々減少して平成八酒造年度の平均値を見ると二・三ｐｐｍとなっています。

これに対してカプロン酸

エチルのほうは、昭和六〇酒造年度では、おそらく一ｐｐｍ程度で、多くても二ｐｐｍくらいと思われますが、平成八酒造年度の平均値は四・六ｐｐｍと増加しています。この一〇年間で酢酸イソアミルの多い形からカプロン酸エチルの多い形へと、香気成分の組成が変わってきたのです。

佐藤　酢酸イソアミルとカプロン酸エチルが逆転したわけですか。しかし、四ｐｐｍ、二ｐｐｍというと、ごく微量ですが、その程度の差でも吟醸酒の形は変わるものですか？

大内　それが変わるんですよ。酢酸イソアミルやカプロン酸エチルは一ｐｐｍでもわかるほど、香りの強い物質ですから。どちらも、果物のようなよい香りがしますが、香りの質は少し違いますね。酢酸イソアミルのほうは熟したリンゴのような、比較的澄んだ、軽い感じの香りですが、カプロン酸エチルのほうは洋梨のような、華やかではあるが、ねっとりした感じの香りがします。

ですから、同じ濃度であればカプロン酸エチルのほうが目立ちやすいというか、嗅覚に強く訴えてきます。とくに、含《ふく》み香《か》が強くなりますね。

佐藤　それで近頃は、やたら派手な香りの吟醸酒が多くなったのですね。最近、鑑評会の一般公開に行ってみると、香りばかり高くて味は苦いというか渋いというか、飲みにくい吟醸酒があって、私は好きになれませんね。

大内　カプロン酸エチルのあまり多い酒は、舌に張り付くような、えぐみというか苦渋味がありますからね。ですから、カプロン酸エチルのあまり多い吟醸酒は、市販酒としては問題だ、などという批判もあるようです。最近は鑑評会の審査でも、香りばかりよくても味とのバランスが悪い吟醸酒は評点を下げよう、ということになっているようですが、それでも……。

佐藤　やはり、香りは派手だが苦渋い吟醸酒が多いですね。

大内　コンテストには、そういう性格があるのかもしれません。例えば美人コンテスト。喩えが悪いかもしれませんが、美人コンテストとなれば自分の奥さんを選ぶのとは違いますからね。

吟醸酒のコンテストも同じで、ずらりと出品酒が並んでいる中で、ただ飲んで旨そう、というだけでは見過ごされてしまう。やはり、香りが華やかで目立つ酒が選ばれることになるんじゃないでしょうか。

佐藤　そうでしょうね。仕方がないですか。

大内　ただ、よい吟醸酒の形も、年とともに変わりますからね。味と香りのバランスが重要なのはもちろんですが、これまでは味と香りのうち、どちらかといえば、香り重視だったように思います。しかし、これからは味重視のほうに変わるかもしれませんし。そのためにも、最新の情報をつかんでおくことが大事です。

佐藤　情報ですか。

大内　情報というと大げさですが、要するに、最近の吟醸酒の傾向がどうなっているか、鑑評会の一般公開に出かけたり、発表された資料を見るなどして、現状をしっかりと把握しておくことです。そして、傾向をつかんだら、それに合わせてつくり方を変えることです。酢酸イソアミル型からカプロン酸エチル型に変わったとしたら、その型に合ったつくり方に変えるのです。

佐藤　それが大事でしょうね。

大内　杜氏さんたちは昔から情報収集に熱心でした。佐藤さんも広いネットワークをおもちじゃないですか。

佐藤　私はそれほど……。

大内　杜氏さんたちは、今風の言葉でいえば情報開示というんでしょうか、普通は秘密にしておきたいような情報でも、皆オープンにして、全体でレベルアップを図ってきた技能者集団なんです。そうでなかったら、吟醸酒もこれほど育たなかったと思いますよ。

■酵母を変える

佐藤　それで、カプロン酸エチル型に変えるには、やはり酵母ですか？

大内　そうです。吟醸香を出すのは酵母ですから。カプロン酸エチルを多く生産する酵母を使わないとカプロン酸エチルは多く出ませんね。協会九号系は、酢酸イソアミルの生産は比較的高いのですが、カプロン酸エチルの生産はそれほど高くありません。

佐藤　そうなんですか。

大内　一〇数年前までは、カプロン酸エチルをたくさんつくる酵母など、一つもなかったのですが、育種改良によってカプロン酸エチルを多くつくる変異酵母とか、そういう性能をもった酵母が選抜されてきたのです。ですから、その種の酵母は最近育種された、いわば新顔の酵母なんです。

佐藤　その新顔の酵母というのは、アルプス酵母もそうですか？

大内　それもその一つです。ほかにもいろいろありますが、現在、日本醸造協会から頒布されている酵母としては、No.八六や協会一五〇一号などがそれですね。

佐藤　そのNo.八六というのは、どんな酵母ですか？　協会一五〇一号のほうは、ＡＫ-１と同じと聞きましたが。

大内　そうですね。協会一五〇一号は秋田流花酵母ＡＫ－１と同じです。No.八六のほうは、最近、日本醸造協会から発売された酵母で、まだ限定販売の段階ですからご存知ないかもしれませんが、日本醸造協会の研究陣が交配法と変異法とを用いて育種した酵母です。酸の生成が少ないこととカプロン酸エチルの生成が非常に多いという特徴をもっているようです。

佐藤　そのNo.八六はカプロン酸エチルをどれくらいつくるのですか？

大内　協会七号より三、四倍多いそうですから、六ｐｐｍから八ｐｐｍというところでしょうか。酸の生成は、協会七号より滴定酸度で一以上少ないといわれています。

佐藤　そんなに酸が少ないのですか。

大内　発酵力が少し弱いようで、温度の下げ幅を大きくすると発酵が停滞しがちになるといった、デリケートな性質もあるようです。

佐藤　なんだか扱いづらい酵母のようですね。

大内　でも、上手に使いこなしている杜氏さんもいますよ。慣れは必要でしょうけれど。

佐藤　この酵母でつくった吟醸酒は、単独でも出品できますか。

大内　ちょっと難しいかもしれませんね。香りが強すぎて。それに、酸も少なすぎるかもしれませんし。

佐藤　そうすると、ブレンドですか？

大内　そうです。協会九号酵母などで別に吟醸酒をつくっておいて、それとブレンドするか、あるいは協会九号などとNo.八六を一緒に混ぜてもろみを発酵させるか、つまり酒でブレンドするか、酵母を混ぜて酒をつくるかですね。

佐藤　ブレンドしなくてもいいような、一つの酵母だけでちょうどよい吟醸酒はできないものですか。

大内　できるかもしれません。カプロン酸エチルの生産能力はまちまちで、相当強いものからほどほどのものまで、変異酵母によって生産レベルがかなり違うようですから、その中から最適のものを選ぶわけです。ただ、カプロン酸エチル高生産性変異酵母を使って酒をつくる技術は、月桂冠の研究陣が開発したもので、月桂冠が特許をもっていますから、無断で使えば特許侵害ということになります。その点では、No.八六は、日本醸造協会がきちんと契約に基づいて特許料を払っていますから、それを買って使うことは正式というか、合法的なわけですが。

佐藤　そうですか。

大内　話が少し脱線しましたが、吟醸酒の形が年々変わってきたことと、そしてそれに合

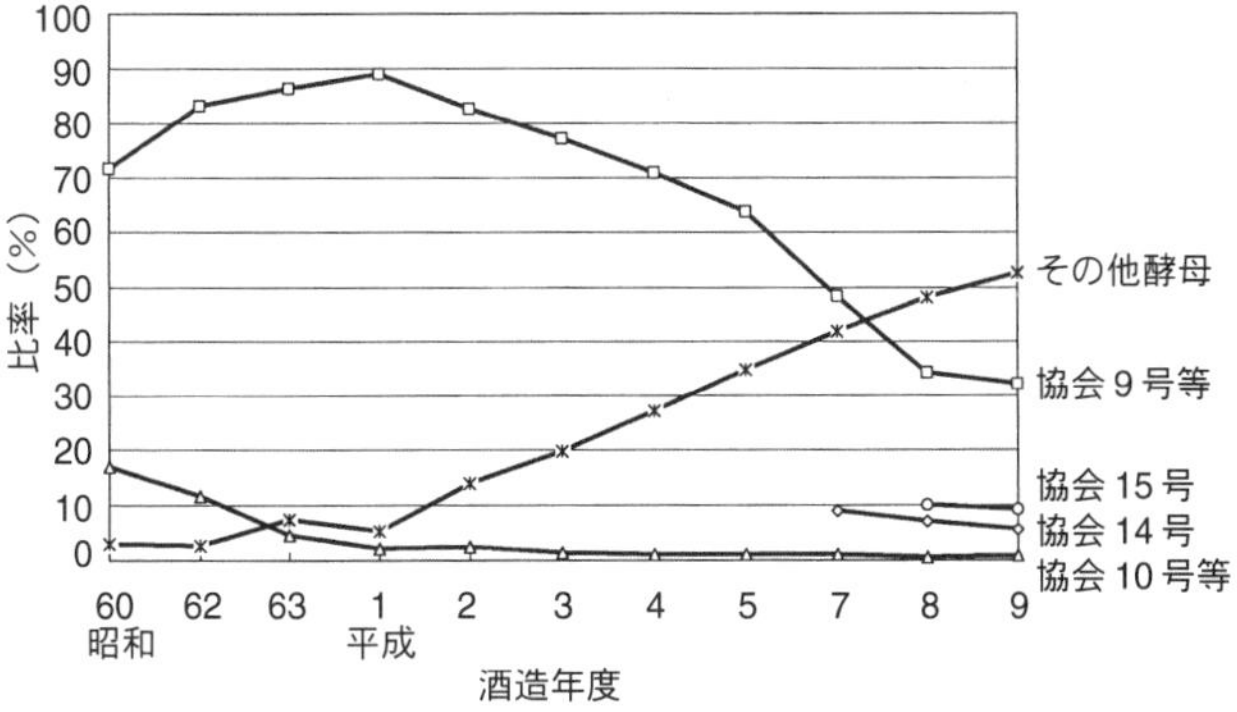

図 14　吟醸用酵母使用比率の推移（醸造研究所報告、第171号より）

わせて酵母も変えたほうがよいことは、おわかりいただけたでしょうか？

佐藤　ええ。でも、協会九号系ではどうしても駄目なんですか？　私は好きなんですが。

大内　駄目ということはありません。金賞に入った吟醸酒の中には、協会九号単独のものもあるでしょうから。ただ入賞の確率は低くなるでしょうね。

佐藤　確率ですか？

大内　全国新酒鑑評会の出品酒がどの酵母を使用して醸造されたか、その推移を示した図（図14）があるので、これを見てください。図の中で協会九号等とあるのは協会九号酵母とその泡なし変異酵母の協会九〇一号を合わせた数値ですが、その比率は、平成一酒造年度には九〇％もあったのに、平成九酒造年度には三二％まで落ちています。これを見ても、やはり単独で金賞がとりにくくなったことがわかると思います。

佐藤　確率で金賞が決まるというのも、なんだか淋しいですね。

大内　たしかに（笑）。

佐藤　この図を見ると、その他酵母が平成一酒造年度から急激に増えていますが、その他酵母というのは？

大内　大手清酒メーカーや各県の工業技術センターなどで育種された、カプロン酸エチル高生産性酵母が主体です。最近、カプロン酸エチル型の吟醸酒が増えた背景には、このような使用酵母の変化があるのです。

■究極の吟醸酒とは

佐藤　時流に流されないというか、究極の吟醸酒といったものはないですか？

大内　それは難しいですね。吟醸酒の酒質も時代の産物で、どうしても、食生活の変化やライフスタイル、人口の年齢構成などによって酒の好ましい形も変わりますから。

佐藤　そうでしょうね。

大内　ここに面白い資料があります。図15を見てください。このグラフは全国新酒鑑評会

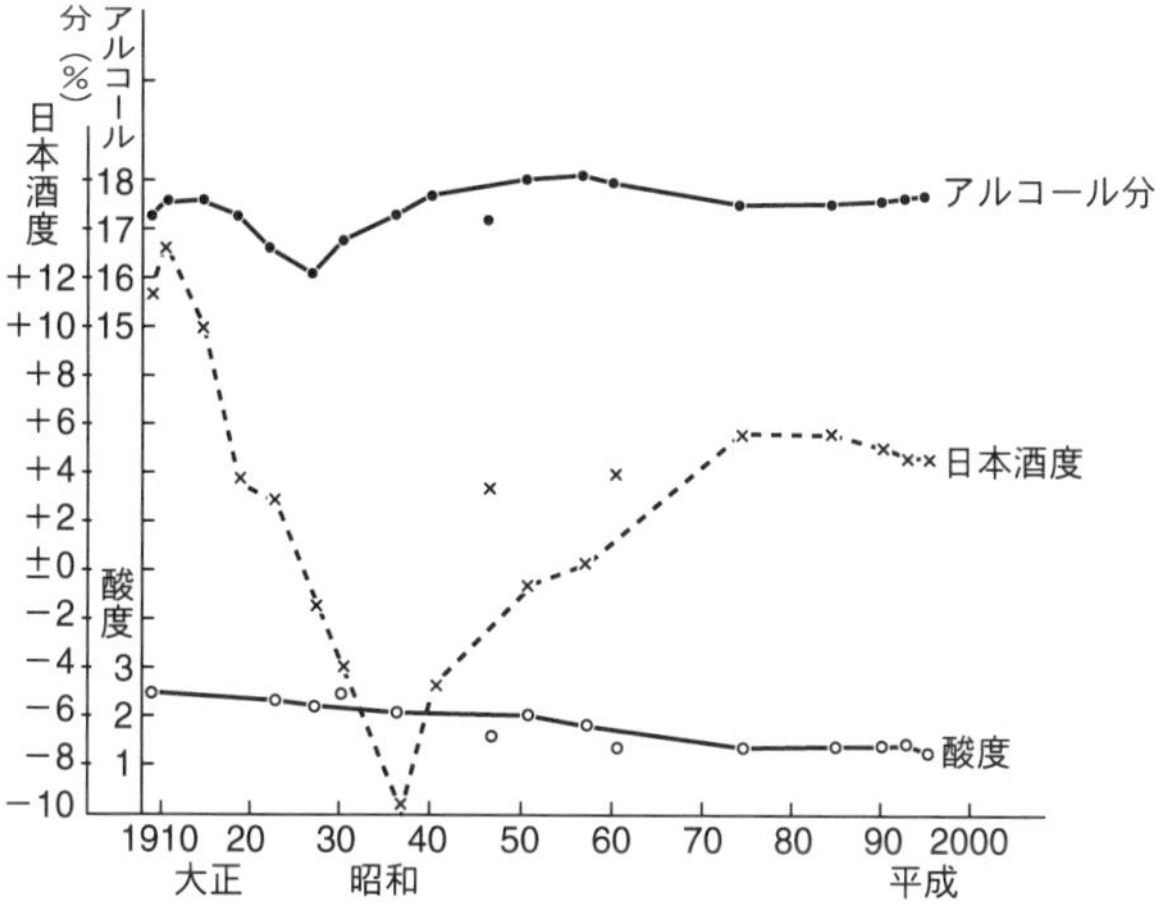

図 15　全国新酒鑑評会出品酒の成分傾向
（秋山裕一：吟醸造りと品評会の歴史から、日本醸造協会雑誌、94 巻、7 号、542 頁より改変）

に出品された酒の成分の時代による変化を示したものですが、酒質が時代によって相当大きく変化したことがわかります。

アルコールは明治四四年の第一回からそれほど変わっていませんが、日本酒度は明治末のプラス一五から昭和一〇年代のマイナス一〇まで大きく動いています。アミノ酸度はわかりませんが、酸度は明治末には現在の二倍もあったようですから、現在の吟醸酒に比べれば猛烈に辛くて酸っぱい、相当ごつい酒質だったでしょう。もちろん、吟醸香といわれるほどの芳香はなかったはずです。昭和一〇年代の酒は、マイナス一〇で酸が二倍強ですから、今の吟醸酒から見れば、逆

図 16　吟醸酒の酒質も年とともに変わる

に猛烈に甘く濃厚だったことが伺えます。

佐藤　そうすると、吟醸酒の持ち味はフルーツのような香りと淡麗な味わいだとか、すっきりした喉ごしだ、などといわれるけど、今のような形の吟醸酒ができたのは、最近のことなんですね。

大内　そうです。昭和の初めまでは竪型精米機もなかったから、米を五〇％以下まで白く磨こうと思ってもできなかったし、香りをたくさん出す酵母もなかったですからね。

精米機の改良とか、発酵容器が木桶からホウロウタンクに変わったこととか、優良酵母や麹菌の育種など、いろいろな酒造技術の進歩があって、だんだんと現在のような形の吟醸酒ができあがったのです。

逆に、このような酒造技術の進歩をもたらしたのは、鑑評会で金賞をとりたいという情熱や執念が強力な原動力となったんでしょう（図16）。

佐藤　みんな必死ですからね。金賞をとるためなら、進んで最新の技術や設備を取り入れようとします。

大内　ええ。酵母については、昭和一〇年でしたか、協会六号酵母が秋田県の新政醸造元から分離されて、昭和二一年には協会七号酵母が長野県の真澄醸造元から分離されています。この両酵母、とくに協会七号は、協会五号以前の酵母に比べると格段に優秀でしたね。こうして香りの競争が始まったのですが、本格的な香りの競争時代は、戦後になってからでしょう。

佐藤　香りの競争といえば、ヤコマンを思い出します。

大内　（笑）発酵中のもろみから発散してくる芳香成分を冷却して集めた凝縮液、ドレインですね。

佐藤　吟醸酒を活性炭でとことん濾過して、まるで焼酎のようになった酒にヤコマンを垂らして出品した、などという話も時々聞いたものです。私が杜氏になる前のことですが。

大内　そうでしたね。

佐藤　どうも、余計なことをいってすみません。

大内　いえ。それで話を戻しますと、昭和二八年頃には、協会九号酵母と協会一〇号酵母も発見されて、近代的な吟醸酒づくりの役者がほぼ出そろったのですが（表6）、それでも、今から二五年くらい前までは香りを出させるのに一苦労でした。それで、密かに香水のようなヤコマンを吟醸酒に加えて出品する時期があったわけです。

佐藤　今では、ヤコマンとかドレインという言葉を知らない若者さえいるのですから。

大内　ヤコマンなど使わなくても、簡単に高い香りを出せるようになりましたからね。むしろ、どの程度に香りを抑えるか、逆の悩みが出てきたんじゃないでしょうか。時代も変わったものです。

備　考
濃醇強健、低温発酵（20℃）
ボーメのくい切りよく濃い酒
経過良好
果実様芳香
発酵強、まろやか、やや香り低い
芳香、発酵力強く近代的酒質の基礎
やや高温性、多酸、濃醇
芳香、吟醸向き、やや泡軽い
少酸・低温性、吟醸酒向き
アルコール耐性、やや多酸、少アミノ酸
芳香、吟醸酒向き
9号と10号の交配株
穏やかな香り、少酸、吟醸酒、純米酒向き
泡なし、上品な酒質
泡なし、やや少酸性、軽い酒質
泡なし、やや少酸、香気良好、吟醸酒向き
泡なし、少酸、軽い酒質、純米酒向き
泡なし、少酸、吟醸酒、純米酒向き
少酸、少アミノ酸、エステル多く吟醸酒向き
尿素非生産
泡なし、尿素非生産
リンゴ酸高生産、多酸性
カプロン酸エチル高生産、リンゴ酸高生産
カプロン酸エチル高生産、少酸性

（日本醸造協会による）

表 6　協会酵母の歴史

酵母名	分　離　源	分　離　者	分離・実用年
1 号	桜正宗、酒母	高橋	1906（1907）
2 号	月桂冠、新酒	醸試保存	1912
3 号	酔心	醸試保存	1914
4 号	酒母	江田、小穴	1924
5 号	酒母	江田、小穴	1925
6 号*	新政	小穴	1935
7 号*	真澄、もろみ	山田	1946
8 号	6 号変異株	塚原	1960
9 号*	熊本県酒造研	野白（金）	1953 頃
10 号*	東北地方、もろみ	小川	1952（1977）
11 号*	7 号変異株	原	1975
12 号	浦霞	佐藤（和）	1966（1985）
13 号	9 号×10 号	原	1981
14 号*	金沢局保存株、選抜		1994
601 号*	6 号変異株	大内、秋山	1973
701 号*	7 号変異株	大内、秋山	1969（1971）
901 号*	9 号変異株	大内、布川	1975
1001 号*	10 号変異株	日本醸造協会	1984
1401 号*	14 号変異株		1999
1501 号*	秋田県、選抜	秋田県醸造試験場	1996
Karg-9	9 号変異株	北本、小田ら	1992
Karg-901*	901 号変異株	日本醸造協会	1996
No. 28*	1001 号など、交配	日本醸造協会	1994
No. 77*	1001 号など、交配	日本醸造協会	1994
No. 86*	1001 号など、交配	日本醸造協会	1994

（注）　＊　現在も販売中の酵母

佐藤　私は今でも、どうすれば香りを高く出せるか、悩んでいますが。

大内　どうも話が横道に逸れてしまいましたが、つまり、吟醸酒の形は、今でも揺れ動いているということですよ。

佐藤　そうすると、これからも吟醸酒の形は変わると見なければいけないですね。

大内　ええ。今流行のカプロン酸エチル型の吟醸酒も、これからどうなるかはわかりませんよ。もう一度図13を見てください。酢酸イソアミルは、昭和五五酒造年度から平成八酒造年度まで年々減る傾向にあったのですが、平成九酒造年度になって増加しています。

佐藤　そうですね。

大内　平成一〇酒造年度以降の数値はまだ発表されていないので、本当に上昇に転じたのかどうかはわかりませんが。おそらく増加しているように私には感じられました。きき酒でね。ただし、以前と同じような酢酸イソアミル型の吟醸酒に戻るというよりも、カプロン酸エチルと酢酸エチルの両方とも、かなり多いタイプということでしょうか。

佐藤　そうですか。いずれにしても金賞を狙うためには、時流に合わせてつくり方を変えなければならないということですね。

大内　金賞を狙うとすれば、そのほうがいいでしょう。

■酵母によってつくり方を変える

大内　ところで、佐藤さんは協会九号系の酵母を使っているということですが、上槽は何日めにもっていきますか。

佐藤　二五日前後です。

大内　最高温度は？

佐藤　一〇℃です。今年は途中、七日目だったか、一日だけ一〇・五℃に上がったことがありましたが。

大内　アル添前の温度は？

佐藤　五℃まで下げました。

大内　そうですか。

佐藤　カプロン酸エチルの多い吟醸酒にするにはどうすればいいでしょうか。

大内　酵母は、もちろんカプロン酸エチル高生産性のものに変える必要がありますが、カプロン酸エチルを多くつくる酵母ほど発酵が弱い傾向にあるということは、頭に入れておく必要がありますね。

佐藤　すると、発酵温度を高めにもっていくのですか？

大内　ただ、前半に温度を上げて発酵を進めると、酸が多く出たり、後半でバテたりしますから。それと、後半に温度を下げていくのですが、その温度の下げ幅が大きいと、発酵がぐずつくことがあるようですから、最高温度はせいぜい一〇℃くらい。温度経過としては、なるべく滑らかにもっていくのがよいでしょう。上槽前の温度は、できれば六℃くらいがいいでしょうから、その温度まで緩やかに下げていくわけです。

佐藤　そうすると、もろみ日数はかなり長くなりますね。

大内　ええ。上槽の目標を三五日目くらいにおいているところが多いようです。四〇日を超える例もかなりありますが。

佐藤　そんなに長くする必要があるのですか。

大内　酢酸イソアミルをつくらせるだけなら、無理して長く引っ張らずに、すんなりともっていくほうがよいと思いますが、カプロン酸エチルを多くつくらせようと思えば、ある程度低温で長く引っ張るほうがいいようです。

表7と表8を見てください。平成八酒造年度と平成九酒造年度の全国新酒鑑評会のデータで、上位入賞率ともろみ日数との関係を示したものです。もろみ日数に関しては両年度とも三二～三四日の区分と三五～三七日の区分とで全体の半分強を占めています。各区分

ごとの入賞率を見ると、平成八酒造年度では三二～四〇日で高く、その前後で低くなっていますが、平成九酒造年度では二六～二八日の区分と三五～三七日の区分と四四～四六日の区分が高くなっています。

表 7　もろみ日数と上位酒比率（平成 8 酒造年度）

区　分	全体点数	上位酒点数	上位酒比率（%）
25 日以下	2	0	0.0
26～28 日	35	5	14.3
29～31 日	154	29	18.8
32～34 日	234	69	29.5
35～37 日	242	64	26.4
38～40 日	131	42	32.1
41～43 日	53	12	22.6
44～46 日	21	4	19.0
47 日以上	7	0	0.0
合　計	879	225	
平　均	34.9 日	35.1 日	25.6
最　大	52 日	45 日	
最　小	23 日	26 日	

（醸造研究所報告、第 170 号より）

表 8　もろみ日数と上位酒比率（平成 9 酒造年度）

区　分	全体点数	上位酒点数	上位酒比率（%）
25 日以下	9	0	0.0
26～28 日	62	21	33.9
29～31 日	188	53	28.2
32～34 日	241	72	29.9
35～37 日	221	73	33.0
38～40 日	110	33	30.0
41～43 日	33	7	21.2
44～46 日	7	3	42.9
47 日以上	7	2	28.6
合　計	878	264	
平　均	33.9 日	34.0 日	30.1
最　大	64 日	48 日	
最　小	22 日	26 日	

（醸造研究所報告、第 171 号より）

佐藤　そうすると、やはり低温長期型のほうがいいということですね。でも、発酵力の弱い酵母を低温でもっていくのは、なんだか怖いような気がしますが。

大内　もろみを冷え込ませて腐らす危険性もありますからね。ですから、最高ボーメを出しすぎないようにしなければなりません。それから、もろみの分析をこまめにやって、成分変化に注意しながら、追水《おいみず》を適度に打って発酵を進めるなど、慎重に管理する必要があります。細心の注意、それと慣れが必要です。

佐藤　そうですか。最高ボーメはどれくらいがいいでしょうか？

大内　六から七くらい。もしそれ以上高く出た場合には、様子を見ながら追水をうまく打つといいでしょう。

いろいろ余計なこともいいましたが、要するに、よい吟醸酒の形も年々変化するということ、その変化をつかんでおくこと、そしてそれに合わせてつくり方を修正すること、などが大切です。そうしないと金賞も遠のくことになるんじゃないでしょうか。

佐藤　よくわかりました。今日は大変いい勉強になりました。

大内　何か疑問がありましたら、いつでもおいでください。

佐藤　具体的な発酵経過のもっていき方などについては、仕込みが近づいた頃にまた相談させてください。

3　吟醸酵母としてどれが一番いいですか

【聞き手】中村さん｜杜氏歴五年、五〇歳代半ば

中村　今日は酵母のことをお聞きしたいと思いまして。
大内　吟醸用の酵母ですね？
中村　最近は様々な吟醸酵母が出廻っているので、どの酵母がいいのか迷っています。
大内　そうですか。最近は酵母の育種ブームというか、大手メーカーや各県の工業技術センターなどが、競って吟醸酵母を育種していて、全部で五〇種類、いやそれ以上あるかもしれません。迷われるのも無理ないですよ。
中村　そんなにたくさんあるんですか？
大内　ええ。中村さんのところにもいろいろと吟醸酵母の情報が入ってくるでしょう？
中村　これがどうとか、あれがどうとか。それで迷ってしまうんですよ。

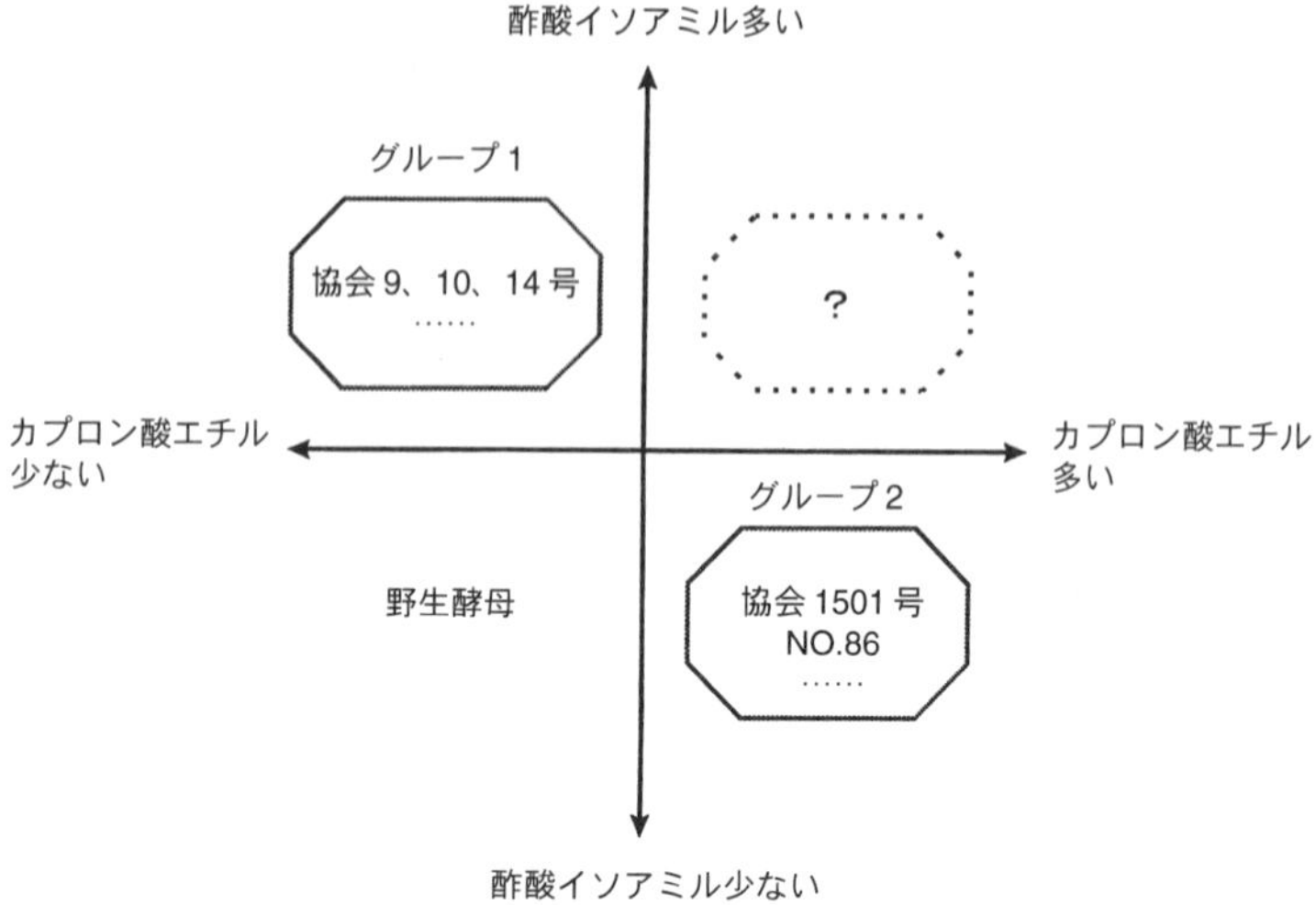

図 17　吟醸酵母は二つのグループに分かれる

■吟醸酵母の二つのグループ

大内　酵母の種類は、たしかにたくさんありますが、図17のように、生成する香りのタイプから二つのグループに分けられると思います。

中村　二つのグループですか？

大内　ええ、一つはカプロン酸エチルが少なく酢酸イソアミルを多くつくるグループ。もう一つは、酢酸イソアミルはほどほどでカプロン酸エチルを多くつくるグループです。

中村　酢酸イソアミルを多くつくるグループというと？

大内　酢酸イソアミルを多くつくるグル

ープは、協会九号、一〇号、一四号酵母などで、泡なし酵母の協会九〇一号、一〇〇一号、一四〇一号などもこのグループです。

中村　それで、カプロン酸エチルを多くつくるグループは？

大内　大手メーカーの自社酵母や何々県酵母などといわれる酵母の多くがそれです。それと協会のNo.八六、協会一五〇一号などです。

中村　そうすると、九号、一〇号など以前からあった酵母が酢酸イソアミルの多いグループということですね。

大内　そうです。カプロン酸エチルを多くつくる酵母は、以前はなかったんですよ。協会九号や一〇号も大変香りのいい酵母ですが、その芳香成分は酢酸イソアミルが主体ですから。

中村　すると、カプロン酸エチルの多い酵母は育種によってつくられたというわけですね？

大内　そうです。そのままでカプロン酸エチルを多くつくる清酒酵母はいないですから。ほとんどは協会酵母などを親として育種されたのです。例えば、協会九号酵母にセルレニン耐性という変異を与えてカプロン酸エチルの生産能力を高める、といった具合です。

中村　そのセルレニンというのは、何ですか？

大内　セルレニンは抗生物質の一種で、普通、酵母はセルレニンが含まれた培地では生育できないのですが、変異を与えることによって、セルレニンがあっても増殖できるような変わり種の酵母が生まれるのです。そういうセルレニン耐性をもった変異酵母はカプロン酸エチルを多量に生産するというのが、月桂冠の研究陣が開発した優れた育種法でして。

中村　すると、カプロン酸エチルを多くつくる酵母は、皆セルレニン耐性の変異酵母なんですか？

大内　いえ、全部とはかぎりません。例えば、秋田流花酵母ＡＫ-１。これは協会一五〇一号として販売されている酵母ですが、セルレニン耐性をもっていないのに、協会九号よりかなり多くのカプロン酸エチルをつくるようです。

中村　そうですか。それで、そのセルレニン耐性をもった酵母は、ＡＫ-１よりももっとカプロン酸エチルを多くつくるんですか？

大内　一般的にはそういっていいでしょう。ただ、一言でセルレニン耐性といっても、酵母によって耐性の強さに差があるし、カプロン酸エチルの生産能力にも、かなりの幅があるようですから。協会No.八六は、そのなかでも強いほうでしょうね。

中村　何年前になりますか、新酒鑑評会に香りの猛烈に高い吟醸酒が、ある県からずらりと出品されて評判になったことがありました。

大内　ええ、ありましたね。

中村　あの時、初めてアルプス酵母というのを知ったのですが、ショックでしたね。

大内　あの頃のアルプス酵母は、カプロン酸エチルの生産能力が猛烈に高かったですからね。でも、最近はカプロン酸エチルのあまり多い酒は、むしろ敬遠されています。どうしても苦渋いというか、味のほうに障りが出ますから。

中村　カプロン酸エチルの香りもほどほどがいいということでしょうか。

大内　そうです。カプロン酸エチル自体はいいんですが、問題はカプロン酸のほうで。

中村　えっ、カプロン酸ですか？　カプロン酸とカプロン酸エチルはどう違うんですか？

大内　カプロン酸というのはカプロン酸エチルの基になる物質で、大まかにいえばカプロン酸とアルコールからカプロン酸エチルができるわけです。ですから、カプロン酸が多いとカプロン酸エチルも多くなるわけですが、カプロン酸のほうは、かなり癖の強い物質でしてね。

中村　どんな癖ですか？

大内　大阪国税局鑑定官室の山根善治先生たちの発表によれば、カプロン酸は一・三ｐｐｍ以上の濃度で識別されて、油臭がするほか、紙臭、袋臭、ほこり臭といった、いわゆる濾過癖に似た臭いがするし、味にも問題があって、苦味が強いということです。吟醸酒にはカプロン酸エチルの三倍から四倍も含まれているそうですから、カプロン酸エチルが四ｐｐｍあるとすれば、カプロン酸は一二ｐｐｍから一六ｐｐｍもあることになります。ですから、カプロン酸エチルの多い吟醸酒は、どうしてもカプロン酸も多くなり、障りが出るわけです。

中村　そうすると、カプロン酸エチルもほどほどにつくる酵母を選ばなければなりませんね。

大内　そうなります。あるいは、カプロン酸エチルの多い酒と少ない酒とをブレンドするのもいいかもしれません。その場合には、酢酸イソアミルとのバランスも考えなければなりませんが。

中村　カプロン酸エチルは少ないが、酢酸イソアミルの多い吟醸酒と混ぜてバランスをとるわけですね。

大内　そうです。

■違った酵母の混合使用

中村　カプロン酸エチルをたくさんつくる酵母と協会九号などを一緒に混ぜて醸造すると

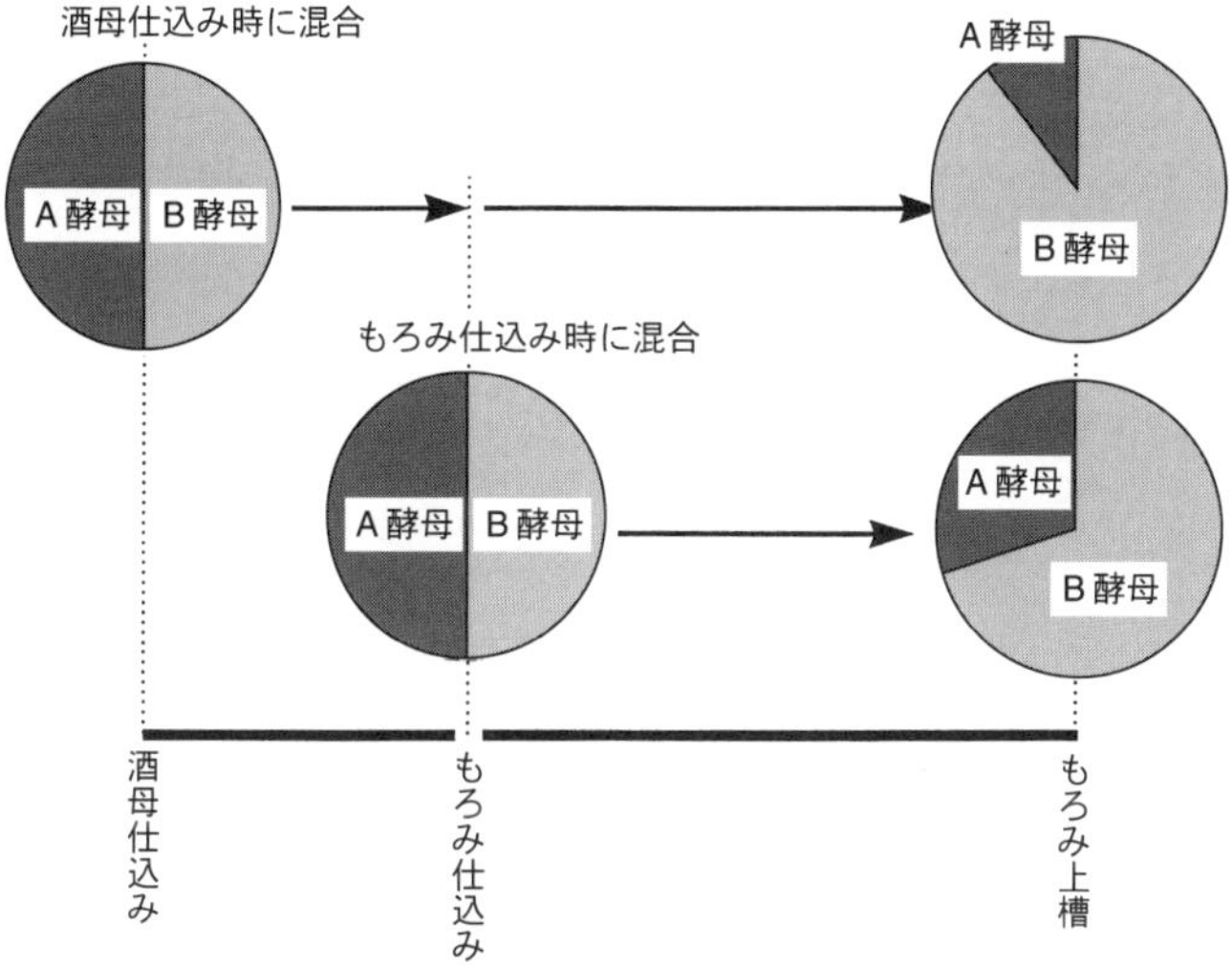

図 18　2種類の酵母数の比率は酒母・もろみ中で変化する
2種類の酵母を1：1に混合しても、酒母、もろみの製造中にその比率は変化し、弱いほうの酵母の比率が低下する

ころがあると聞きましたが、それはどうなんですか。

大内　実際に行われています。混ぜる方法としては二つあって、一つは酒母の仕込みの段階で二種類の酵母を一定の比率で混合接種するやり方。もう一つは、それぞれ単独の酵母で別々に酒母を立てておいて、もろみの初添《はつぞえ》の段階で両方の酒母を一定の比率で混ぜるやり方です。

中村　最初の方法では酒母は一本ですみますが、後の方法では二本いりますね。

大内　そうです。

それで、最初の方法ですが、問題点としては、図18のように、酒母を仕込むときにA酵母とB酵母とを五〇対五〇の比率で植えつけたとしても、酒母ができあがるときには、その比率が変わっているかもしれないということ、さらに、もろみに行ってからも比率は変動するでしょうから、最終的にA酵母とB酵母とがどんな比率になるかわからないことです。

その意味では、できあがったそれぞれの酒母をもろみの仕込み段階で混ぜるほうが、比較的ズレは少ないでしょう。ただし、今回九〇対一〇になったとして、次回もそうなるという保証がまったくないということ、つまり再現性が悪いことは覚悟しておくべきでしょうね。

中村 そんなに比率が変わるんですか？

大内 変わるようですよ。カプロン酸エチルを多くつくる酵母は、一般的に増殖が遅いし、弱いようです。ですから、本当は酒母やもろみで二種類の酵母がどう変動するかデータをとって、増殖の遅い酵母を初めから多めに混ぜておくとかするほうがいいでしょう。

中村 そうすると、酵母を混ぜて仕込むよりは、やはり別々に酒をつくってブレンドするほうがいいようですね。

大内 そのほうがいいでしょう。できた酒の品質を確かめてから、ブレンドの比率を変えることができますから。ただし、吟醸もろみを一本しか仕込めないような場合には、仕方がないですけど。

中村　それはそうですね。

大内　それから、こんな場合には酵母を混ぜて仕込むほうが、むしろいいと思います。つまり、カプロン酸エチルを多くつくる酵母の発酵力が弱くて、糖分を予定のところまで食いきれない場合とか、発酵日数が四〇日すぎてもまだ仕上がらないといった場合ですが、そういう場合に発酵力の強い協会九号や協会一四号などと一緒にすることによって引っ張ってもらうわけです。

中村　引っ張ってもらえば、発酵が順調にいくわけですね。香りのほうは心配ないですか？

大内　No.八六のようにカプロン酸エチルを多くつくる酵母の場合には、うまくいくと思いますよ。二〇％くらいの比率で残っていてもカプロン酸エチルを相当つくりますから。

中村　そうですか。いずれにしても、混ぜるのは面倒ですから、混ぜなくてもいいように、一つの酵母でちょうどいい具合につくる酵母はないですか？

大内　ちょうどいい具合というのがどれくらいかが問題ですが、適度につくる酵母はいるでしょう。適度というのはカプロン酸エチルの生産のことですが。

■ズバリ一番いい吟醸酵母は？

中村　吟醸用酵母は五〇種類以上もあるということですが、そのなかで、ズバリ一番いい酵母はどれでしょうか？

大内　一番ですか？　難しい質問ですね。カプロン酸エチルを多くつくる酵母は酢酸イソアミルをあまりつくらないし、酢酸イソアミルを多くつくる酵母はカプロン酸エチルをあまりつくらない。

中村　両方ともバランスよくつくる酵母はいないんですか？

大内　それを狙った育種は行われていますが、両方をバランスよくつくる酵母は、まだないといっていいかもしれません。少なくともこれが一番、あれが二番といえるかどうか。それに、酵母だけでよい吟醸酒ができるわけではないし。

中村　やはりそうですか。いい酵母を使ったとしても、つくり方が下手ではいい吟醸酒はできないということですね。

大内　上手下手というか。酵母が悪ければ、もちろん、いい吟醸酒はできませんが、酵母がよくても、それに合ったつくり方をしないと駄目だということです。カプロン酸エチルの生産能力もそうですが、発酵力や増殖速度、有機酸の生産性、アルコール耐性などが、酵母によって少しずつ違いますから。その酵母の癖というか性格をつかんで、それに合ったつくり方、その酵母の能力を最大限引き出すようなつくり方をしないと、よい吟醸酒はできないということです。

中村　そうでしょうね。

大内　要するに、酵母だけに期待するのはどうかな、ということです。今の吟醸用酵母は、大体がいい酵母です。あまり酵母がありすぎて目移りするでしょうし、いろいろな情報が入るので迷いが出るのもやむをえませんが、むしろ今ある酵母をいかに使いこなすかに力を注ぐべきじゃないでしょうか。あれこれ酵母に迷うのは感心しませんね。

中村　そうですか。

大内　これは失礼なことをいってしまったかな。でも、他の人にも同じことをいうんですよ。言い訳と思われるかもしれませんが。

中村　いいえ。もっともだと思います。

大内　話は戻りますが、酢酸イソアミルの生産をもっと高めようとする育種も行われています。最初の頃は、酢酸イソアミルだけでなく、その基になるイソアミルアルコールも多くつくる酵母ができてしまったのですが、イソアミルアルコールの多い酒は、香りが重くなりがちですからね。
　最近はイソアミルアルコールの生成は同じくらいで、酢酸イソアミルだけを多くつくるような酵母が、黄桜酒造の研究陣などによって育種されています。そうすると、E/A比は高くなるわけですが。

中村　E/A比というのはイソアミルアルコールに対する酢酸イソアミルの比でしたね？

大内　そうです。

中村　その場合も抗生物質を使って育種するんですか？

大内　必ずしも抗生物質とはかぎりませんが、変異酵母というのはごくわずか、一万分の一とか一〇〇万分の一くらいの比率でしか生まれませんからね。それを一個ずつ調べて見つけるのは、とうてい不可能です。ですから、その物質があると普通の酵母は生育できないが、目的とする変異酵母だけが増殖できるような化学物質をうまく使って分離するわけです。

中村　そういう化学物質を使って育種された酵母は安全ですか？

大内　安全性にはまったく問題ありません。化学物質は変異酵母を選ぶ手段であって、変異酵母そのものは、あくまでも酵母にすぎませんから。協会七号や協会九号などの酵母も、一種の変異酵母といってもいいかもしれませんし。

中村　えっ、そうなんですか？

大内　というのは、昔は、あれほど香りが高くて、酸も少なく、発酵力の強い酵母はいなかったですからね。自然に変異が起こったのでしょう。それが、長年、優良酵母を探す過程で、多くの酵母の中から偶然見つかったわけですよ。

　今ではもっと効率よく探す方法があって、その一つが抗生物質などの化学物質を使う手段というわけです。ただ、そのためにはメカニズムというか、例えば、酵母が酢酸イソアミルを生成する仕組みや、生成した酢酸イソアミルを分解する仕組みなどを研究する必要があるわけです。

中村　そうですか。

大内　酢酸イソアミルの生成のメカニズムについては、大関の研究陣も大変立派な研究をしていて、その遺伝子を解明していますね。

　黄桜の研究陣は、酢酸イソアミルの分解の仕組みをよく研究していて、その分解酵素はエステラーゼといいますが、それを少ししか生産しない変異酵母を分離しています。エステラーゼが少なければ、酢酸イソアミルの分解も少ないので、それだけ多く蓄積するというわけです。

中村　なかなか難しいですね。

ですよ。

大内　それと、研究費も大変かかります。ですから、開発した会社は特許出願をするわけ

例えば、セルレニン耐性酵母を用いてカプロン酸エチルの多い酒をつくるという特許は、月桂冠がもっています。

中村　ということは、そういう酵母は使えないのですか？

大内　こっそり隠れて使うのはよくないですね。

日本醸造協会でも、No.八六酵母の育種に一部月桂冠の特許技術を使用しているので、特許使用料を払ってそれを販売しています。

中村　そうですか。

大内　なんだか余計なことばかりいって、中村さんのご期待に沿えなかったようですね。

中村　いいえ、勉強になりました。もう一つ伺ってもいいですか？

大内　どうぞどうぞ。

中村　泡なし酵母のことです。これまでは吟醸酒づくりにはほとんど泡あり酵母を使ってきたのですが、最近は泡なし酵母の新顔も多くなりました。

泡なし酵母の場合はどんな点に注意すればいいですか？

大内　特別な注意点はないと思いますが。そうですね、泡なし酵母は泡ありに比べて前半

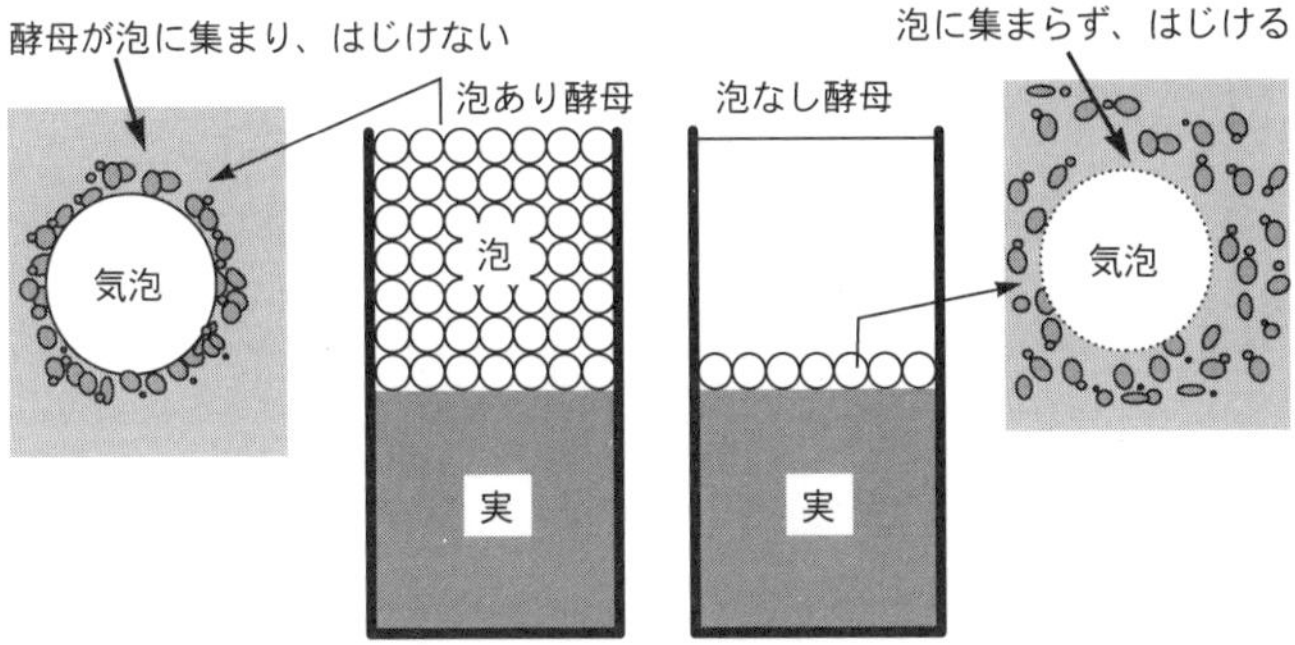

図 19　泡なし酵母のもろみで発酵が速く進む理由は？
泡あり酵母は泡のまわりに集まり、約半数が高泡部に棚上げされるが、泡なし酵母は気泡のまわりに集まらず、全部が実部に留まるので、発酵が速く進む

の発酵が早く進むでしょう。

中村　泡なし酵母は発酵力が強いのですか？

大内　いえ、そうではなくて、全部の酵母がもろみの中で発酵に参加するからです。泡あり酵母の場合は、前半に高泡が掛かりますから、その泡のほうに約半分の酵母が移って、もろみのほうには半分の酵母しかいなくなるのです。

つまり、泡あり酵母の場合には約半数が泡に棚上げされているわけですが、泡なし酵母では泡が立ちませんから、最初から全員参加で発酵する。だから、その分、前半の発酵が速くなるわけです（図19）。

中村　そうすると、前半の発酵を抑えぎみにもっていけばいいですね？

大内　そのほうがいいでしょう。あまり進みすぎると米の溶解が追いつけず、アルコール添加時の成分が目標どおりにならないことがありますから。いず

れにしても、慣れが必要ですね。使いこなすことです。
中村　やはり、使いこなすことですか。
大内　それが一番大事です。
中村　もう一ついいですか？
大内　どうぞ。
中村　もろみで硫化水素が出ることがありますが、あれはどうなんでしょうか。出たほうが、かえっていいという人もいますが？
大内　出たほうがいいとまではいえないでしょうね。ただ、もろみ初期の、そうですね、留添《とめぞえ》後数日まででしたら、出ても心配はないと思います。
しかし、硫化水素が出なければ、よい吟醸酒ができないということではないですよ。
中村　そうでしょうね。
大内　硫化水素を出すのも酵母ですが、酵母が盛んに増殖している最中にある種の栄養素、とくにパントテン酸のようなビタミンが不足していると硫化水素を出すようです。
中村　栄養不足の場合ですか？　それはよくないんじゃないですか？
大内　でも、もともと吟醸酒づくりは、米を白く磨いてタンパク質やビタミンなどの栄養素をできるだけ除いてやるのですから。硫化水素も出やすいわけですよ。

表 9　酒母の種類と上位入賞比率

種　類	全　体	全体比率（%）	上位酒	上位酒比率（%）
速醸酒母	675	76.9	211	31.3
高温糖化酒母	180	20.5	50	27.8
中温速醸酒母	14	1.6	2	14.3
アンプル	3	0.3	1	33.3
酵母仕込み	5	0.6	0	0.0
生もと	1	0.1	0	0.0
合　計	878	100.0	264	30.1

(平成 9 酒造年度全国新酒鑑評会出品酒の分析について、醸造研究所報告、第 171 号より)

逆に、米が黒くて栄養素が豊富だと、硫化水素は出ないが、その代わりに、よい吟醸酒もできないということです。

中村　なるほどね。

大内　ただ、酵母の増殖がおさまると硫化水素も出なくなるのが普通ですが、もろみの中期以降までもちこしたり、末期になって出てくるようだと、異常事態です。茹で卵や硫黄泉のような臭いが酒に残る可能性がありますから。

中村　もう一つ、酒母のことですが、酒母の種類は何がいいですか？

大内　とくにこれというものはないようです。表9を見てください。これは全国新酒鑑評会に出品した吟醸酒の酒母の種類を示したものですが、最も多い種類は速醸酒母で、全体の七七%、その中で上位に入った酒の割合は三一%です。次に多いのは高温糖化酒母で、全体の二一

%。その中の上位酒の割合は二八%です。この両方で全体の九七%を占めますが、ほかに酒母なしのアンプル仕込みも三例あって、そのうちの一例は堂々と上位酒に入っていますからね。

中村　酒母の種類よりは酵母の種類ということですか。

大内　そういうことでしょうね。

中村　今日はどうもありがとうございました。

大内　わざわざお寄りいただいたのに、ご期待に沿えなかったかもしれませんが、これに懲りずにまた遊びにきてください。

4 吟醸麹のつくり方はこれでいいですか

【聞き手】加藤さん——杜氏歴三〇年、七〇歳代前半

三月初旬、東北地方の某清酒メーカーのベテラン杜氏、加藤さんから突然手紙が届きました。早速開封してみると、吟醸麹をどのようにつくればよいか悩んでいるとのことです。麹のつくり方は、もろみの発酵経過や酵母の香気生成、ひいては吟醸酒の品質に重大な影響を及ぼすので、杜氏さんが最も苦心するところです。以前は、吟醸麹のつくり方に東の流儀と西の流儀があったようですが、最近は、全国ほぼワンパターンになってきたように思います。それだけ情報の流れが速くなったのでしょうか。

本当は、使用する酵母やもろみの発酵経過をどうもっていくかによって、吟醸麹のつくり方も変えるべきなのかもしれません。加藤さんの真の悩みもそこにあるのでしょう。

〈加藤さんからの手紙〉

拝啓　早春の候益々ご清栄のこととお慶び申し上げます。

ご無沙汰致しておりますが、その後お変わりなくお過ごしのことと拝察申し上げます。当地では今年は積雪が多かったため、軒下などにはこの間まで雪が消えずに残っていましたが、このところ日に日に陽射しが強まり、ここ北国にもようやく春の訪れが感じられるようになりました。御地では、もうすぐ桜の便りも聞かれる頃かと思います。

さて、最近は吟醸酒のつくり方も以前とはだいぶ違ってきたように思います。特に製麹方法については高温経過がよいということになっているようですが、なぜ高温経過がよいのか、吟醸づくりで最も重要な麹のことさえわからなくなりました。

以前先輩杜氏から教わった吟醸麹のつくり方は、固めの蒸米を出し、種麹の散布量を少なくし、最高温度を三八℃くらいに抑え、金魚の目玉のような突破精《つきはぜ》で、床に落ちればカラコロと音がするような、乾いた出麹にするようにといわれたものです。それが最近の麹づくりでは、最高温度は四三℃でもよいとか破精《はぜ》廻りも総破精《そうはぜ》に近いような老麹《ひねこうじ》でもよいなどといわれますと、正直いって戸惑ってしまいます。原料米も三五%、三〇%という、超高精白米にエスカレートしていることは承知していますが、製麹方法まで変える必要があるのでしょうか。

今年の吟醸づくりも結局、私流で麹をつくりましたが、吟醸酒の品質に自信がもてないことも事実です。県の鑑評会にも出品しましたが、今年は駄目ではないかと思います。つきましては、麹づくりの要点だけでも教えていただきたいと思いまして筆をとった次第です。麹の経過表（表10）を同封しましたので、見ていただければ幸いに存じます。今後の吟醸づくりの参考にさせていただきたいと思いますので、とくに急ぎませんが、何分よろしくお願い申し上げます。

季節の変わり目ですが、ご自愛の上ご活躍のほどお祈り申し上げます。

敬具

〈加藤さんへの返事〉

前略

お手紙拝見しました。御地ではようやく軒下の雪が消えたばかりとのこと、寒さ厳しい中での酒づくり、本当にお疲れ様でした。鑑評会への吟醸酒の出品も、なかなか骨が折れたことと思います。

さて、最近の吟醸麹についてご質問をいただきましたが、加藤さんが戸惑われるのも無理はないと思います。確かに最近の吟醸麹は、グルコアミラーゼ活性を高めるために、全国的に高温経過型になっているようです。

ただし、高温経過の吟醸麹は以前にもなかったわけではなく、九州など西の方では比較的よくつくられていました。それが最近、全国的に広まったということだろうと思います。でも、もろみの発酵経過までが西の方式に変わったわけではありません。西の方式では、もろみの発酵日数は二五日程度の、比較的短期発酵にもっていくのが普通でしたが、最近は三五日くらいに長くするのが一般的のようです。長期発酵は、加藤さんもご存知のように、東北地方など東のやり方でした。最近は、麹づくりの西のやり方と発酵経過の東のやり方が融合したということでしょうか。それは、米の精白が一段と進んだことのほかに、カプロン酸エチル高生産性酵母が使われるようになったことも関係していると思います。さらには、麹づくりをはじめ吟醸酒づくりの理論が進展し、それに基づいて改良されてきたこともあげられるでしょう。

ちょうど「吟醸麹に関するQ＆A」という、問答形式のものをつくってありましたので、それを同封しました。ご質問とずれる点もあるかと思いますが、ご一読いただければ幸いです。

なお、加藤さんの吟醸麹の経過表を拝見しましたが、これはやはり最近の傾向とは少し違うようですね。最近の標準的な吟醸麹の経過の一例(表11)を同封しましたので、参考にしてください。そのうえで、何か疑問等がありましたらお手紙かお電話をいただきたいと思います。

こしき倒しがすんでも、なお上槽、調合、火入れなどの仕事が続きますが、帰郷の日までどうぞ身体を大切に頑張ってください。

草々

表 10　加藤さんの製麹経過表

作　業	経過時間	温度（°C）	室　温	乾湿差
引 込 み		65.0	33.5	13
床 揉 み	0	30.2～30.0	33.5	13
切 返 し	12.0	30.4～29.4	33.5	12.5
盛　　り	24.0	30.3～30.0	33.5	11.5
積 替 え	32.5	31.1～31.2	33	12
仲 仕 事	37.5	33.6～32.8	33	13
積 替 え	39.5	34.0～33.9	32.5	13
仕舞仕事	42.0	34.9～33.9	32	13
積 替 え	47.5	36.0～35.6	32.5	12.5
積 替 え	50.5	37.0～36.0	32	12.5
出　　麹	53.0	37.3	33	13

表 11　標準的な製麹経過

作　業	経過時間	温度（°C）	備　考
引 込 み		35～32	吸水率 30%
床 揉 み	0	30.5～30.0	
切 返 し	14	30.0～29.0	
盛　　り	15	30.0～29.0	
仲 仕 事	27	33.0	破精廻り 1～2 分
積 替 え	29		
仕舞仕事	35	38.0	破精廻り 3～4 分
40°C 到達確認	38～39	40.0	
最高積替え	39～40	42.0～41.0	
出　　麹	48～54	42.0～41.0	破精廻り 5～7 分

（注）室温 36°C、乾湿差 12°C

吟醸麹に関するQ&A

Q よい吟醸麹とは

A

吟醸用としてよい麹とは、麹菌の増殖量、つまり破精《はぜ》廻りが少ないわりにグルコアミラーゼ活性が高く、酸性カルボキシペプチダーゼ活性の低い、突破精《つきはぜ》型の麹です。その理由については後で述べますが、その前に清酒醸造における各酵素の役割について、簡単に述べておきたいと思います。

グルコアミラーゼとα-アミラーゼは、麹菌の生産するデンプン分解酵素で、両酵素が共同して米のデンプンを分解し、グルコースを生成します。なかでも、グルコアミラーゼはグルコースの生成に直接かかわる大事な酵素です。酵母はこのグルコースを利用してアルコール発酵を行いますから、グルコアミラーゼの力が弱くてグルコースの供給が遅れると、同時に発酵も遅れてしまいます。清酒もろみでは、普通、糖化速度は発酵速度に比べて遅いといわれ、グルコアミラーゼの強さ次第で発酵速度が決まるようです（図20）。

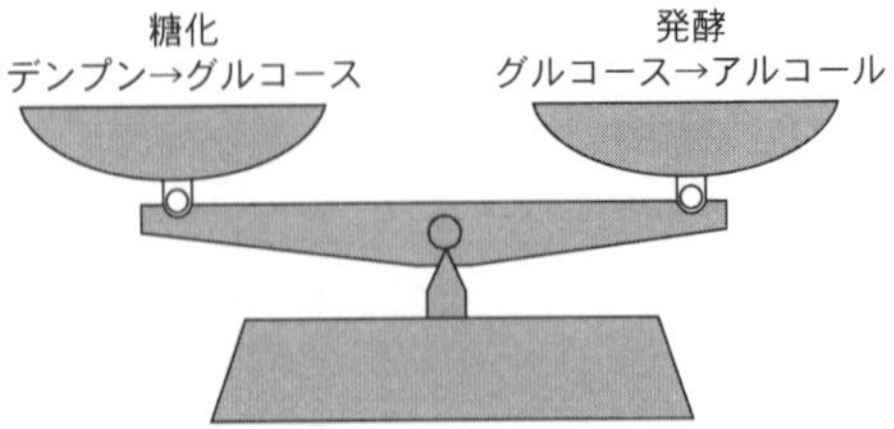

図 20　糖化と発酵のバランスは？
清酒もろみでは普通、発酵速度が糖化速度を上まわるため、グルコアミラーゼによるグルコース生成速度で発酵速度が決まる

酸性カルボキシペプチダーゼと酸性プロテアーゼは麹菌の生産するタンパク分解酵素で、両酵素が共同してタンパク質を分解し、アミノ酸を生成します。なかでも、酸性カルボキシペプチダーゼは直接的にアミノ酸の生成にかかわる酵素です。アミノ酸は清酒の旨味や「こく」に関係する大事な成分で、酵母の栄養素ともなります。しかし、多すぎると清酒の味をくどくしたり、着色や老香《ひねか》の発生を促進したり、酸の生成を高めたり、高級アルコールの生成を多くして香りを重くしたりします。

ですから、吟醸酒のようにデリケートな香味を身上とする清酒では、アミノ酸は多すぎないほうがよく、そのために酸性カルボキシペプチダーゼ活性も強すぎないほうがよいのです。

Q よい吟醸麹をつくるには

A では、よい吟醸麹をつくるためにはどうすればよいでしょうか。それを考える前に、麹菌の増殖と各種酵素の生産がどんな条件で高まり、どんな条件で低下するか、ざっと述べてみたいと思います。

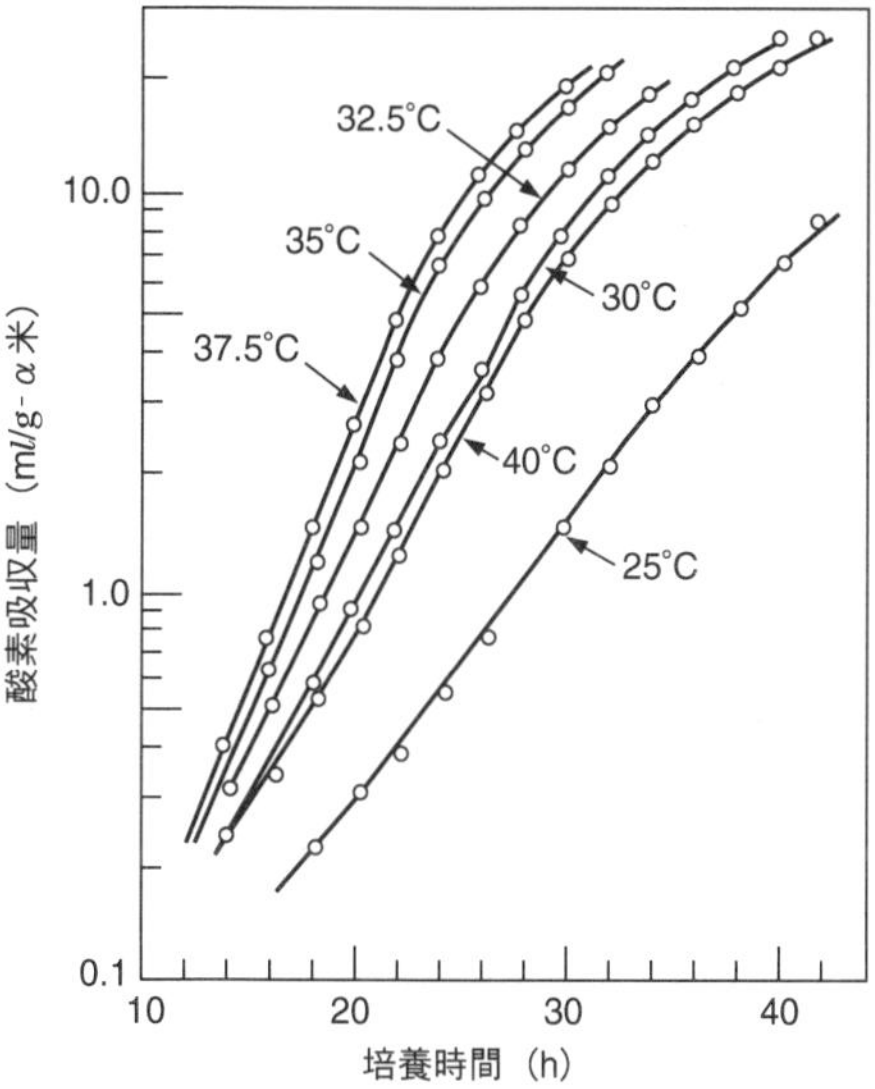

図 21　培養温度の麹菌増殖に及ぼす影響
麹菌の増殖量を酸素吸収量で代表している
（岡崎直人ほか：日本醸造協会雑誌、74 巻、683 頁、1979 年より）

麹菌の増殖は、図21のように、温度が三五℃付近で最も旺盛で、四〇℃になると急激に弱まります。蒸米の水分については、図22のように、多いほうが繁殖しやすい。それは、蒸米の水分が多いと、麹菌の生育に必要な栄養素（糖、アミノ酸、リン酸、カリウムなど）が摂取しやすく

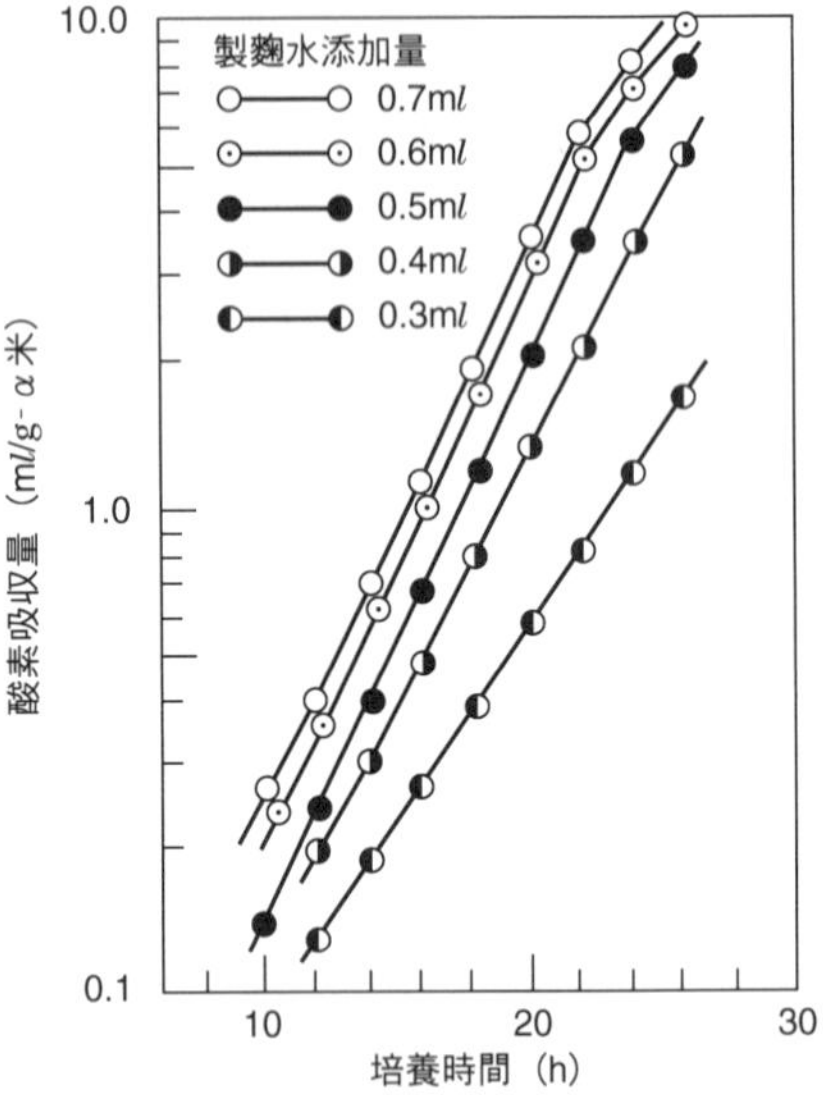

図 22　蒸米水分の麹菌増殖に及ぼす影響
麹菌の増殖量を酸素吸収量で代表している
（岡崎直人ほか：日本醸造協会雑誌、74巻、683頁、1979年より）

なる、などによるのでしょう。精米は麹菌の栄養素を減らすので、吟醸麹のように高精白米を用いる麹では普通酒用の麹に比べて増殖が悪くなります。

一方、酸性カルボキシペプチダーゼの生産は三五℃以下で活発で、三八℃以上になると低下します。ですから、酸性カルボキシペプチダーゼは、麹菌の増殖と連動して生産されることになります。それに対して、グルコアミラーゼは、増殖が弱まる温度帯の三八～四二℃でよく生産され、増殖とは非連動型です。また、蒸米の表層を伸張した菌糸よりは、内部に破《は》精《ぜ》込んだ菌糸のほうが、より多くグルコアミラーゼを生産するといわれます。つまり、「塗《ぬり》破《は》精《ぜ》麹」よりは「突《つき》破《は》精《ぜ》麹」のほうがよくグルコアミラーゼができることになります。

以上の麹菌の性質を考慮すれば、増殖のわりにグルコアミラーゼ活性を高く、酸性カル

表 12　麹の蒸米水分と酵素生産との関係

蒸米吸水率	α-アミラーゼ	グルコアミラーゼ	酸性プロテアーゼ	酸性カルボキシペプチダーゼ
24.4	845	244	2 443	8 123
33.3	920	198	1 934	6 036
42.4	723	122	1 274	4 173
51.1	743	100	770	4 733

（岡崎直人ほか：日本醸造協会雑誌、74 巻、683 頁、1979 年より）

ボキシペプチダーゼ活性を低くするためにはどうすればよいか、その答えが見えてきます。

●麹菌の繁殖を抑え、酸性カルボキシペプチダーゼ活性を低くするためには、三五℃付近の温度帯を短くすることです。
●グルコアミラーゼ活性を高くするためには、三八～四二℃の温度帯を長くすることです。また、麹菌の菌糸が蒸米の内部にできるだけ破精込むようにすることです。

酵素の生産は、表12のように、蒸米水分の影響を強く受け、一般的に水分の少ないほうが生産は増加するので、乾いた麹にすることも必要条件です。

Q 具体的にはどうすればいいですか

A

具体的には、次のようにすればよいと思います。

米の品種については、山田錦に代表されるような、心白をもった大粒の酒米（酒造好適米）が望ましいところです。そのほうが、麹菌の菌糸が破精込みやすいからです。

精米歩合については、四五％でもよいと思いますが、もちろん、四〇％とか三五％で悪いことはありません。いずれにしても、丁寧に精米してあることが必要条件です。精米後の枯らしは三〇日以上欲しいところです。

洗米の際には、米の温度と水の温度をできるだけ合わせて、なるべく米が割れないように配慮する必要があります。

蒸米の吸水歩合については、蒸し上がり直後で四〇～四二％、床揉み時点では三〇～三一％程度がよいでしょう。あまり固い蒸米を出すと、かえって菌糸の破精込みを妨げることになります。菌糸は最初から蒸米の内部にもぐり込むのではなく、初め表層に沿って伸張した後で内部に侵入するからです。蒸米を麹室に引き込んでから三〇～三一％の吸水歩合になるまでは、麹室内の温度を上げるなどして蒸米の温度が三〇℃以下にならないように配慮すべきでしょう。水分蒸発の際の気化熱で蒸米の温度が下がりすぎる心配があるからです。

種麹の散布量を何gにするかは、出麹の破精廻りをどの程度にするかを考えて決めます。破精廻りについては、もろみで香気生成を重視するときには六分程度、味の幅やふくらみを重視するときには、それより若干多く廻してもよいと思います。これは留麹の場合であって、初添麹や仲麹、とくに酒母麹では、それよりも多めに廻らせてもよいでしょう。種麹の量としては、麹米一〇〇kg当り留麹で一〇g、初添麹、仲麹で一〇~二〇g、酒母麹で二〇~四〇gが一応の目安ですが、胞子のつき方は散布方法によってもずいぶん違うので、実際に即して決めるべきでしょう。

温度経過については、揉上げ時点で三〇℃、盛り時点で三一℃、仲仕事時点で三三℃、仕舞い仕事時点で三八℃、最高温度および出麹温度で四二℃を目標にすればよいと思います。

時間的には、揉上げから盛りまで一五時間、盛りから仲仕事まで一二時間、仲仕事から仕舞仕事まで六~八時間、仕舞仕事から最高積替えまで四時間くらい。出麹は、温度が四〇℃に達してから一〇~一六時間くらいがよいようです。出麹のタイミングとして栗香《くりか》の発生を待つ場合が多いようですが、それにこだわるよりも、時間で決めるほうがよいでしょう。
出麴歩合は一八%か一九%。そのために、製麴中に乾かすことになりますが、仲仕事まではあまり乾かさないようにします。乾かすのは、麴菌の繁殖による発熱が旺盛になる仲仕事以降にするほうがよいでしょう。

なお、出麴のグルコアミラーゼ活性は、留麴の場合で麴一g当り一五〇単位以上を目安とします。実際には、酵素活性はもちろん、蒸米の吸水歩合や出麴歩合にしても、数値で押さえるのは難しいと思いますが、その場合には、手触りとか状貌の観察、ボーメの出方などから判断できるように経験を積む必要があります。

表11に標準的な製麴経過を示したので参考にしてください。

Q 麴菌の増殖量がなぜ問題なのですか

A その前に、酸性カルボキシペプチダーゼ活性を低くする理由については、おわかりいただけたでしょうか。繰り返しになりますが、それは吟醸酒のアミノ酸を少なくするためです。ただし、酸性カルボキシペプチダーゼがまったく不要というのではありません。酸性プロテアーゼも、アミラーゼが働きやすいようにし、デンプンの糖化を促進

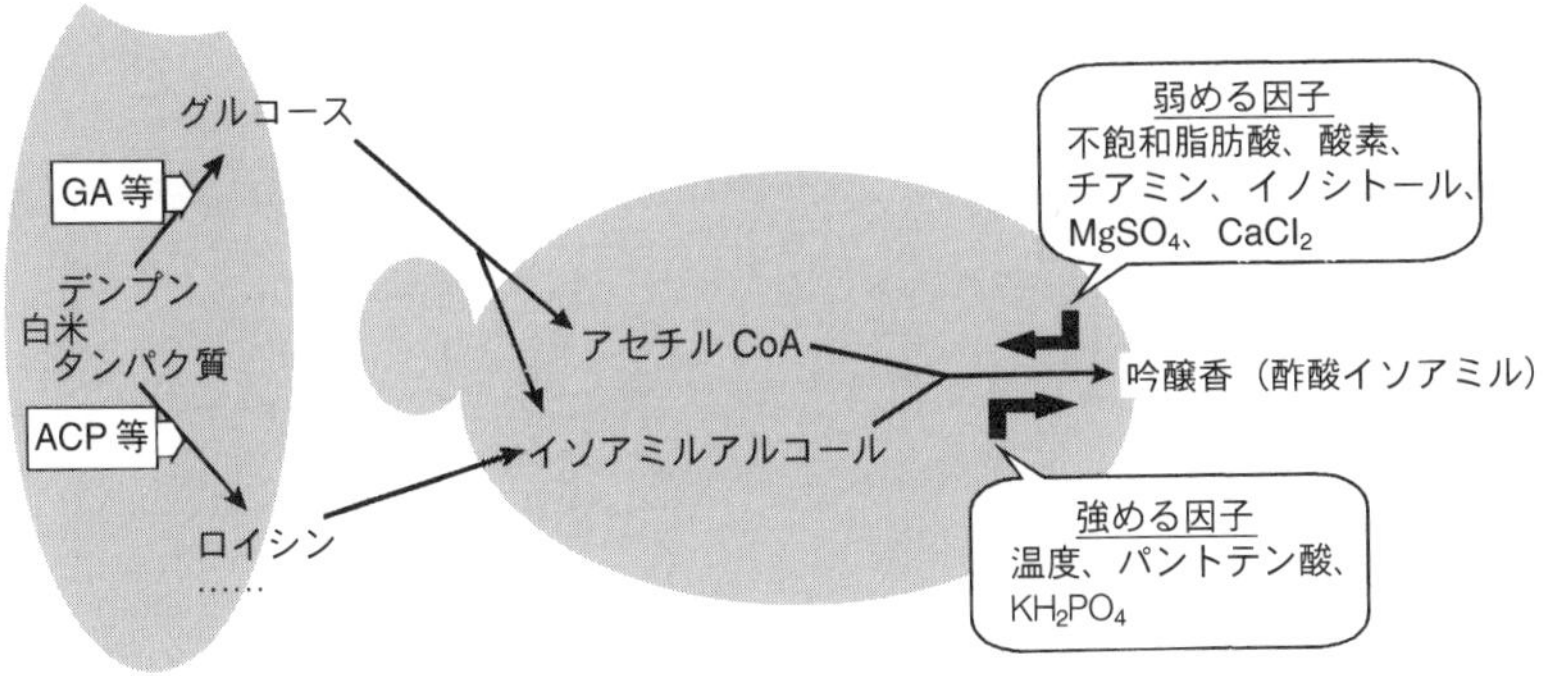

図 23　酵母の吟醸香生産は醸造条件によって変化する
GA：グルコアミラーゼ　　ACP：酸性カルボキシペプチダーゼ

する作用があるので、適度な活性は不可欠です。

さて、問題はなぜ麹菌の増殖量が少なければならないかですが、それは酵母の吟醸香生成に関係するからです。吟醸香の主要成分は、ご存知のように、酢酸イソアミルとカプロン酸エチルというエステル成分で、酵母がそれを発酵中につくります。その生産能力は酵母の遺伝的素質によって決まりますが、そのほかに酵母がおかれた環境によって芳香成分の生産は増減します。

例えば、温度が高いか低いか、もろみ中に不飽和脂肪酸が多いか少ないか、などです（図23）。なかでも、リノール酸などの不飽和脂肪酸は芳香物質の生成を強く妨げるので、吟醸酒づくりにとっては大敵です。そのため、精米によって米の脂肪をできるだけ除くわけです。しかし、米の脂肪を減らしても、麹では麹菌の増殖に伴って脂肪が新たに合成されるので、破精廻りがよいほど脂肪が増えることになります。麹菌が増殖して脂肪が増えれば、吟醸香成分の生産が抑えられる。これが麹菌の増殖が少ないわりにグルコアミラーゼ活性を高めなければならない理由です。

麹から持ち込まれる脂肪の量を少なくするには、二つの方法が考えられます。一つは麹の破精廻りを少なくすること、もう一つは仕込配合で麹歩合を下げることです。このうち、麹歩合を下げる方法は、実際に吟醸づくりで行われており、普通酒醸造の場合に比べて麹歩合を一～三％低い、二〇％くらいにしているところが多いようです。しかし、麹歩合を下げたためにグルコアミラーゼ活性が不足するようでは順調な発酵は望めません。あくまでも、グルコアミラーゼ活性が足りることが必要条件です。

一方、破精廻りを少なくする場合でも、そのためにグルコアミラーゼ活性が不足するようでは駄目です。増殖は少ないがグルコアミラーゼ活性は高いということが必要なのです。

実際には、前記の二つの方法を組み合わせた、増殖のわりにグルコアミラーゼ活性の高い突破精麹をつくり、そのうえ麹歩合を二〇％くらいにしているところが多いと思います。

また、麹歩合を下げ、その分をグルコアミラーゼ主体の醸造用酵素剤で補塡しているところもあります。

ただし、その場合には酵素活性がどれだけ不足しているか計算したうえで補塡すべきでしょう。順調な発酵が行われるために、どれだけのグルコアミラーゼ活性が必要か。その力価は全体で、もろみの白米一g当り四〇単位のようです。そうした計算もなしに闇雲に酵素剤を加えるのは考えものです。とくに、酵素剤を過剰に加えるのは避けなければなりません。その場合には、糖分が残りすぎて重い酒質になりがちです。ですから、酵素剤に頼るよりも、よい吟醸麹をつくり、麹だけで仕込むことを第一の目標とすべきでしょう。

Q　麹菌の増殖量は簡単に測れますか

A　麹中の麹菌体量を測定する方法は、いくつか発表されていますが、現場で簡単に測定できる方法はありません。

実は、まだ研究レベルでも菌体量の分析例は少なく、どういう麹のつくり方をすれば、どれだけの菌体が増殖するかといった、製麹条件や出麹の状態と菌体量との定量的な関係はわかっていないのです。もろみに持ち込まれた麹中の菌体量がどの程度あれば、酵母の芳香物質生産がどれだけ抑えられるかといったことも不明で、今後の研究課題です。

現在わかっていることは、前に述べたように、麹菌は三五℃付近に増殖適温をもち、四〇℃では増殖が弱まるとか、酸性カルボキシペプチダーゼの生産は三五℃以下がよく、グルコアミラーゼの生産は四〇℃付近がよいとか、表層を伸びる菌糸よりは内部にもぐり込む菌糸のほうがグルコアミラーゼを多く生産するとか、麹菌のまわりにグルコースが多くあるときにはアミラーゼの生産がストップするといったことです。

つまり、定性的、現象的なことだけです。不飽和脂肪酸が酵母の酢酸イソアミルの生産を抑えることもわかっていますが、麹の破精廻りの程度と酵母の香気生成との定量的な関係については研究発表がありません。ですから、麹菌の増殖が少ないわりにグルコアミラーゼ活性の高い突破精麹がよい、というのも今のところ推察の域を出ないわけです。ただ、普通酒用の総破精《そうはぜ》型麹では香りの高い酒はできないとか、仕込配合で麹歩合を上げると香気生成が低下するといった経験的なことからも、真実性はあると思います。

したがって、麹菌の増殖が少ないわりにグルコアミラーゼ活性が高く、酸性カルボキシペプチダーゼ活性の低い突破精麹を目指すことが、やはり現時点での最上策と考えるべきでしょう。

5　木香様臭《きがようしゅう》が出て困りました

【聞き手】斉藤さん――入社一六年目、製造課長、三〇代前半

斎藤　今日は、吟醸酒の木香様臭についてお尋ねしたくて伺いました。

大内　木香様臭ですか。どうしました。

斎藤　実は、国税局の酒類鑑評会に出品した吟醸酒のことですが、木香様臭がするといわれたものですから。

大内　そうですか。木香様臭は品質評価の際の大きな減点になりますからね。

斎藤　これまでも何回か木香様臭の指摘を受けているので、今日は木香様臭がなぜ出るのか、どうすればよいかお教えいただき、対策をとりたいと思っています。

■木香様臭の原因物質

大内　木香様臭は、気になる人とそれほど気にならない人がいて、私はかなり気になるほうですが、斎藤さんはどうですか。

斎藤　あまり気にならないほうです。

大内　消費者のなかには、木香様臭のプンプンする酒を、いい香りがするといって褒める人もいるそうで、吟醸香と勘違いをしているんでしょうか。しかし、そういう酒は飲んでいるうちに、だんだん喉がいらつくようで、嫌になってきます。

斎藤　木香様臭は、樽酒についている本物の木香《きが》とどう違うのですか。

大内　木香様臭のほうはアセトアルデヒドが原因物質で、いらつくような刺激臭です。ですから、木香様臭のことをアセトアルデヒド臭とかアルデヒド臭という人もいます。一方、本物の木香は、アルデヒド類が含まれる点では共通ですが、そのほかテルペン類とか精油成分など、杉材由来のいろいろな物質が調和した、よい香りです。

斎藤　アセトアルデヒドといえば、二日酔の、あのアセトアルデヒドですね？

大内　そうです。でも、酒の木香様臭と二日酔とは、直接関係ないですよ。

二日酔というのは、酒を飲んだ後にアルコールが肝臓で代謝されてできるアセトアルデヒドの問題であって、木香様臭があってもなくても、酒を飲めば必ずアルコールからアセトアルデヒドはできるわけですから。

斎藤　そうでしょうね。

大内　斎藤さんの吟醸酒は、アセトアルデヒドの濃度がどれくらいだったかわかりますか？

斎藤　いえ、わかりません。

大内　アセトアルデヒドの濃度がわかると、ある程度は定量的なことがいえるのですが、アセトアルデヒドは少しでもあれば必ず木香様臭がするというのではなくて、濃度があるところまで高まったときに、初めて感じられるようになります。その濃度を、難しい言葉で弁別閾値《べんべついきち》といいますが、清酒のアセトアルデヒドの弁別域値は七〇から八〇ｐｐｍといわれています。

ただし、それは普通酒の場合であって、吟醸酒のようにデリケートな酒の場合には、四〇ｐｐｍ程度でも木香様臭が感じられるという人もいますが（図24）。

斎藤　アセトアルデヒドの分析は、どこでやってくれますか？

大内　アセトアルデヒドの分析は、結構難しいのですが、日本醸造協会でもやってくれる

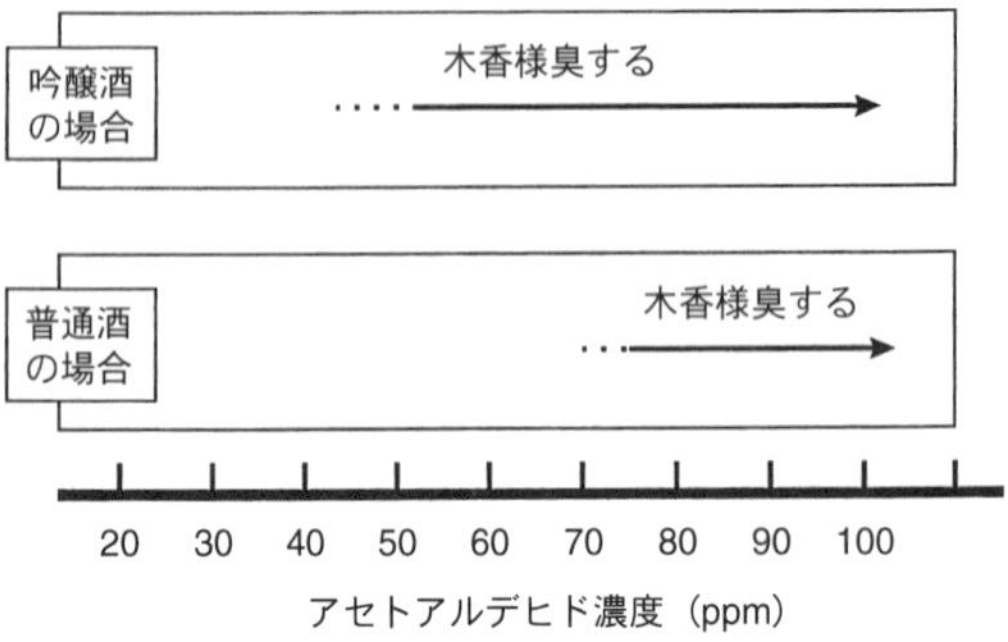

図 24　吟醸酒の場合、普通酒より低い濃度で木香様臭が感じられる

と思いますよ。もちろん有料ですが。

斎藤　そうですか。

■木香様臭はなぜ出るのですか

大内　木香様臭がなぜ出るか、ということですが、その前にお断りしておきますが、アセトアルデヒドは清酒中にある普通の成分の一つであって、それがあるからといって、別に異常でもなんでもありません。問題になるのは、弁別閾値を超えて多く含まれる場合です。この点はいいですね？

斎藤　はい。

大内　酒の場合、アセトアルデヒドをつくるのは何かというと、それは酵母です。図25を見てください。これは、酵母がアルコールをつくるときの代謝、つまりアルコール発酵の経路を示したものですが、その経路上にアセトアルデヒドがあります。

斎藤　はい。すると、アルコールができるときには、必ずアセトアルデヒドも一緒にできるわけですね。

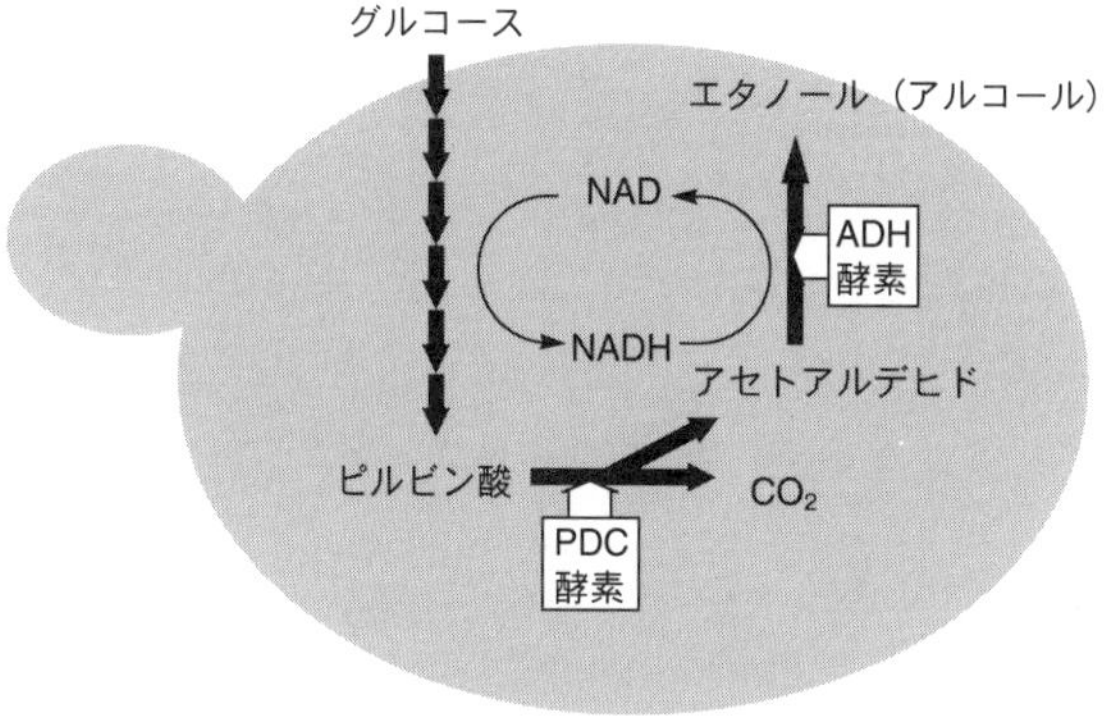

図 25　アセトアルデヒドはアルコール発酵の過程で生じるが、細胞内では速やかに「アセトアルデヒド→アルコール」の反応が進む

大内　そうです。アルコール発酵の中間体として生成するのです。それが酵母の細胞外に漏れ出てくると、酒の中のアセトアルデヒドになるのですが、ただ、細胞内では、アセトアルデヒドができても、次々とアルコールに変えられますから、問題はないわけです。

実際には、細胞外にも一部漏れてきますが、普通、その量は弁別閾値を超えるほどにはならないので、心配ありません。

斎藤　そうですか。では、どういう場合に弁別閾値を超えるんですか？

大内　それは細胞の外でピルビン酸からアセトアルデヒドができる場合です。細胞外では、細胞内と違って、アセトアルデヒドから先のアルコールへ向かう反応は進みませんから。

斎藤　それでアセトアルデヒドが貯まるわけですか。難しいですね。

■ピルビン酸と木香様臭

斎藤　最近、ピルビン酸という言葉をよく耳にしますが、やはり、これは木香様臭と関係があるのですね？

大内　そうです。酒造講話会などでもピルビン酸が話題としてとりあげられているようですが、それは木香様臭、つまりアセトアルデヒドの発生と関係があるからです。

斎藤　ピルビン酸というのはどんな物質ですか？　臭いはあるんですか？

・乳酸、リンゴ酸などと同じく有機酸の一種
・強い酸味と少し渋味がある
・臭いはない
・酒の中では安定（木香様臭やジアセチル臭は発生しない）
・もろみの中では不安定（増えたり減ったりアセトアルデヒドに変化したりする）

図 26　ピルビン酸とはどんな物質ですか？

大内　いえ、ピルビン酸自体に臭いはありません。乳酸などと同じく有機酸の一種ですから、酸味はあります。それと若干の渋味ですね（図26）。

斎藤　酒の中にピルビン酸が多いと、やはり木香様臭が出てくるんでしょうね？

大内 いえ、そうではありません。搾った後の酒では、ピルビン酸が多くても、アセトアルデヒドはできないのですよ。酒の中では、ピルビン酸は非常に安定で、貴醸酒中のピルビン酸が二〇年間貯蔵した後でも全然変わらなかったという報告があるくらいですから。

斎藤 そうですか。

大内 問題は、もろみの中にピルビン酸が多い場合ですね。とくに、発酵末期になってもピルビン酸が多く残っている場合は問題です。なぜかというと、もろみの中の酵母がピルビン酸を分解してアセトアルデヒドに変えるからです。つまり、酵母がいるかいないかによって違うわけです。

斎藤 搾った後では酵母がいないから、大丈夫というわけですね。

大内 そうです。ただし、厳密にいえば、酵母がいなくてもアセトアルデヒドはできますがね。

斎藤 えっ？

大内 いや、これはいわないほうがよかったかな。つまり、ピルビン酸脱炭酸酵素、PDC酵素さえあれば、酵母がいなくてもアセトアルデヒドはできるということですよ。この酵素は、ピルビン酸がアセトアルデヒドと炭酸ガスに分解する反応を触媒するもので、酵母がつくります。ちょうど、麹菌のつくるアミラーゼは、麹菌がいなくても、デンプンの分解を触媒するように、ＰＤＣ酵素も酵母がいなくても、ピルビン酸の分解を進めるわけですね。

斎藤　なるほど。

大内　ただ実際には、ＰＤＣ酵素はアミラーゼと違って、活性が長持ちしませんから、清酒になった頃には活性がなくなっていると考えていいでしょう。もちろん、火入れした清酒では、ＰＤＣ酵素の活性は完全に失われます。

斎藤　結局、酒の中ではピルビン酸があっても大丈夫ということですね。

大内　そういうことです。

斎藤　それで、もろみの中ではどうなるんですか？

大内　もろみの中では、事情はまったく違います。酵母がいますから。ピルビン酸は、もろみの中では増えたり、減ったり、分解されたりと、とにかく変化が激しいですね。

斎藤　増えたり減ったりですか？

大内　ええ。少し難しくなりますが、いいですか？

斎藤　でも、なるべく簡単にお願いします。

大内　簡単にいえば、増えるのは酵母がピルビン酸を細胞の外に生産するから。減るのは、主として酵母がピルビン酸を細胞内に取り込むこと、およびアセトアルデヒドに分解されるからです。
　もう一度、図25を見てください。アルコール発酵の途中でできたピルビン酸はＰＤＣ酵素の触媒作用でアセトアルデヒドと炭酸ガスに分解され、そのアセトアルデヒドはアルコールに変わる。これらの各反応が細胞内でバランスよくいっていれば、ピルビン酸は貯まることはないわけですが、バランスが崩れるとピルビン酸が細胞内に貯まり、細胞の外に出てくるわけです。

斎藤　なるほど。

大内　バランスが崩れるのは、酵母が盛んに細胞を増やしているときです。もろみで酵母が増殖するのは前半だけですから、主としてもろみの前半でピルビン酸が細胞外に生産されることになります。中期以降になってグルコース濃度が低くなると、今度は酵母がピルビン酸を細胞内に取り込んで、それをアルコール発酵に利用する。そのために減ってくるのです。

斎藤　前半で増えて後半で減るんですね。

大内　ピルビン酸の濃度は、アルコールが一〇％くらい出た頃にピークを迎えて、その濃度は三〇〇ｐｐｍから一〇〇〇ｐｐｍにもなりますが、アルコール添加を行う頃には一〇〇ｐｐｍか、それ以下まで減るのが普通です。ですから、図27のように、ピルビン酸の変

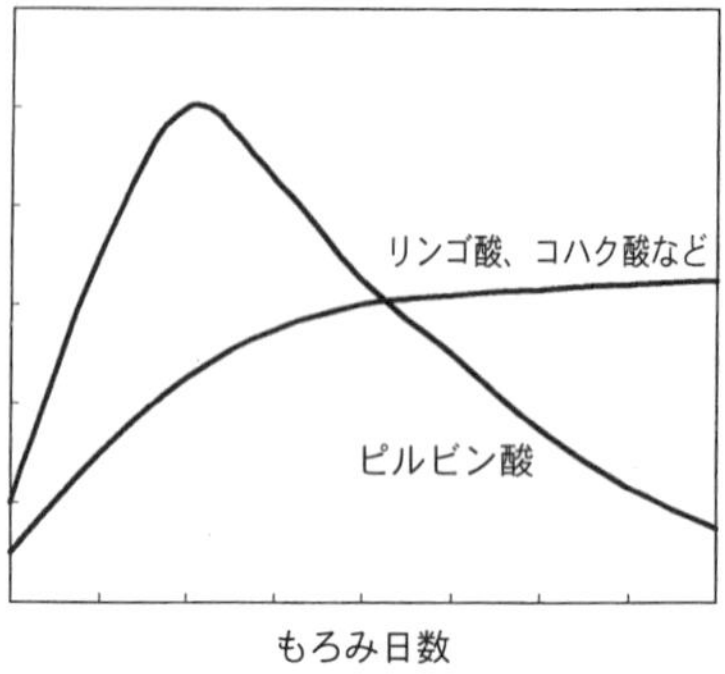

図 27　ピルビン酸の変化はボーメ型、リンゴ酸やコハク酸などの変化はアルコール型

化は山形のカーブを示すことになります。

斎藤　カーブの形がボーメの変化に似ているんですか。

大内　そうですね。これに対して、コハク酸、リンゴ酸などの他の有機酸は、発酵が進むにつれて増加し、減らない。

斎藤　すると、カーブの形はアルコールの変化に似てくるのですね。

大内　そうです。

■アル添時のピルビン酸濃度が問題

斎藤　それで、木香様臭の発生はどうなりますか?

大内　そこが問題です。木香様臭の発生は、アルコール添加と密接な関係があります。アル添前にもろみの中のピルビン酸が多いと、木香様臭が出やすくなります。なぜかというと、アル添によって酵母がショックというか、ダメージを受けるからです。

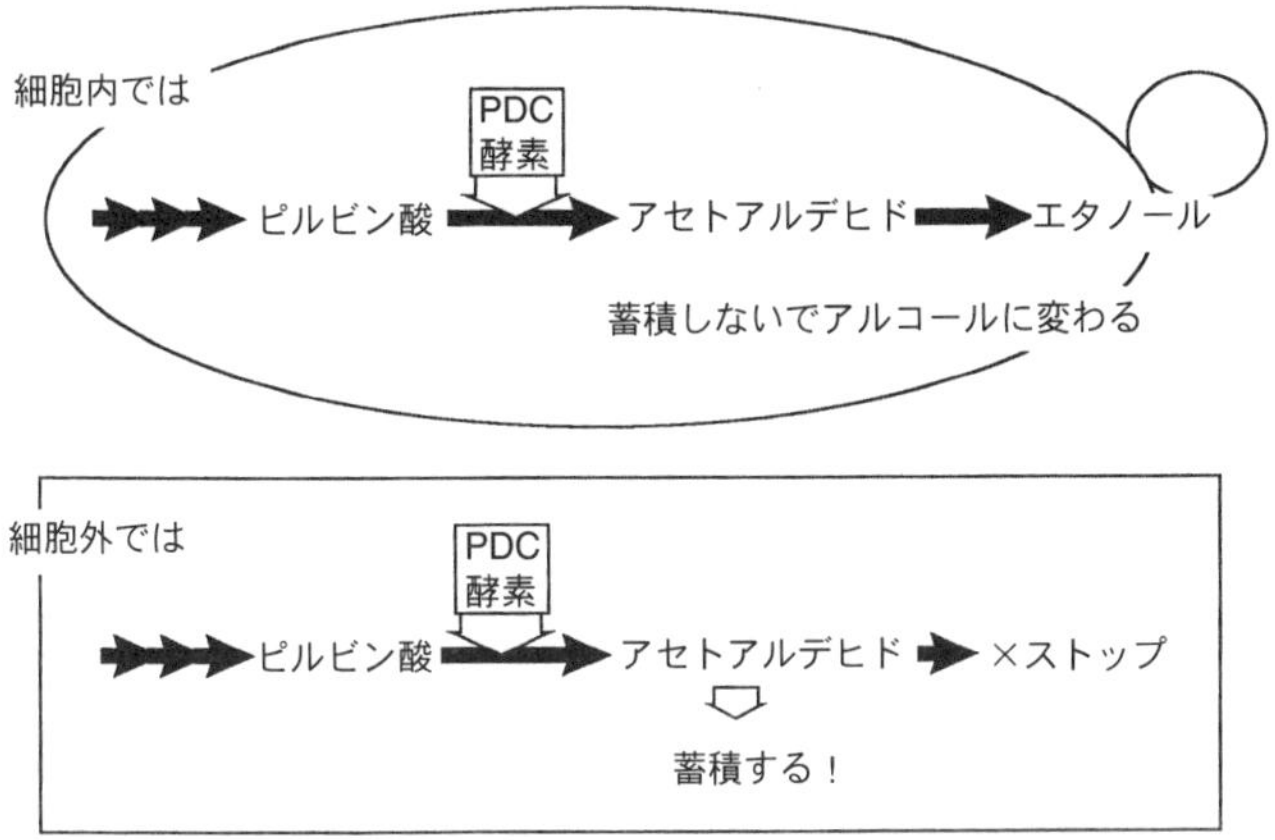

図 28　酵母細胞の外側で生成したアセトアルデヒドはもろみ中に蓄積する
もろみ中のピルビン酸は酵母細胞の外側でPDC酵素（ピルビン酸脱炭酸酵素）の作用を受けると、アセトアルデヒドが生じるが、その先アルコールへの反応が進まないので、もろみ中に蓄積する

斎藤　アルコールが急激に高まるからですか？

大内　そうです。アルコールが一気に高まることは、酵母にとっても厳しいのです。その結果、細胞内にあるPDC酵素が細胞の外側に出てくるらしい。そうすると、図28のように、この酵素は細胞の外側でピルビン酸を分解してアセトアルデヒドをつくりますが、細胞の外ではアセトアルデヒドからアルコールに向かう反応は進まない。ですから、アセトアルデヒドがもろみの中に貯まってしまうわけです。これは、菊正宗の研究陣が行った立派な研究です。

斎藤　そうすると、アル添はしないほうがいいんですか？

大内　してもいいですよ。アル添前にピルビン酸が少なければ問題ないわけですから。

斎藤　どれくらいまで下がっていればいいでしょうか？

大内　一応一〇〇ｐｐｍが目安ですが、これは普通酒の場合であって、吟醸酒の場合は八〇ｐｐｍ程度にしたほうがいいでしょうね。前にもいったように、デリケートな酒の場合には、アセトアルデヒド臭が目立ちやすいですから。

斎藤　八〇ｐｐｍですか。

大内　ピルビン酸からアセトアルデヒドができる量は、理論上は、ちょうどピルビン酸の半分です。したがって、アル添前にピルビン酸が八〇ｐｐｍあったとして、それが全部アセトアルデヒドになったとすれば、四〇ｐｐｍできることになります。実際は、もろみ中のピルビン酸が全部アセトアルデヒドに変わることはありませんが、その代わり、アル添前までにアセトアルデヒドが数十ｐｐｍは、すでにできているでしょうから。

斎藤　なんだかややこしいですね。結局、ピルビン酸の安全圏は八〇ｐｐｍでいいですか？

大内　それで結構です。

斎藤　そうすると、今回の私の吟醸もろみは、アル添前で八〇ｐｐｍ以上になっていたんでしょうか。

大内　そう思いますね。

■ピルビン酸の分析法

斎藤　もろみのピルビン酸は、どうやって測ればいいですか？

大内　最近は、スティックを試料に漬けるだけで、色の変化から測定できるような、簡便な方法も開発されています。例えば、月桂冠の研究陣によって開発されたピルビン酸測定用のキットもその一つで、製品化され販売されています（図29）。

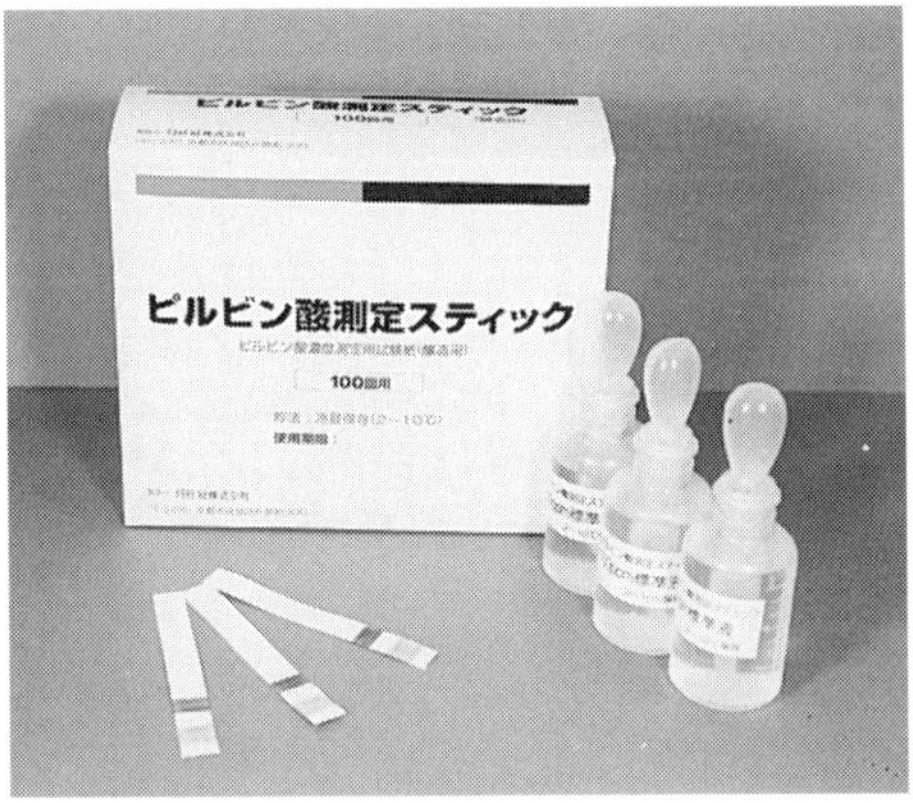

図 29　ピルビン酸測定スティック
（提供：（株）エヌ・ワイ・ケイ）

斎藤　健康診断で使う、あれと同じようなものですね？

大内　ええ。現場で測定するのに大変便利です。ただし、分析精度には限度がありますが。

斎藤　でも、使えるんでしょう？

大内　もちろん使えますよ。分析精度をもっと上げたいとすれば、比色計を使う方法があります。これも臨床検査などで血清中のピルビン酸を測定するために開発された方法で、それを酒用に改良した測定キットが販売されています（図30）。これも測定は簡単ですよ。

斎藤　でも、比色計がいりますね。値段はどれほどですか？

大内　比色計の値段は、五〇万円から七〇万円くらいはするでしょうか。

斎藤　結構しますすね。

大内　でも、比色計は酒の色度の測定とか、ほかにも使えますからね。

斎藤　それはそうですが。

大内　ピルビン酸の分析法としては、これらの酵素法のほかに、液体クロマトグラフィーという方法もありますが。この場合にはもっと高価な高速液体クロマトグラフという装置が必要になります。

斎藤　スティック法であれば装置は何もいらないから、試してみてもいいですね。

大内　そして、吟醸もろみの場合、ピルビン酸がほぼ八〇ｐｐｍ以下になっていることを確かめたうえでアル添を行えば、木香様臭の心配はなくなるでしょう。

斎藤　でも実際にアル添の時期を決めるのは、ピルビン酸ではなくて日本酒度やアルコールですから。

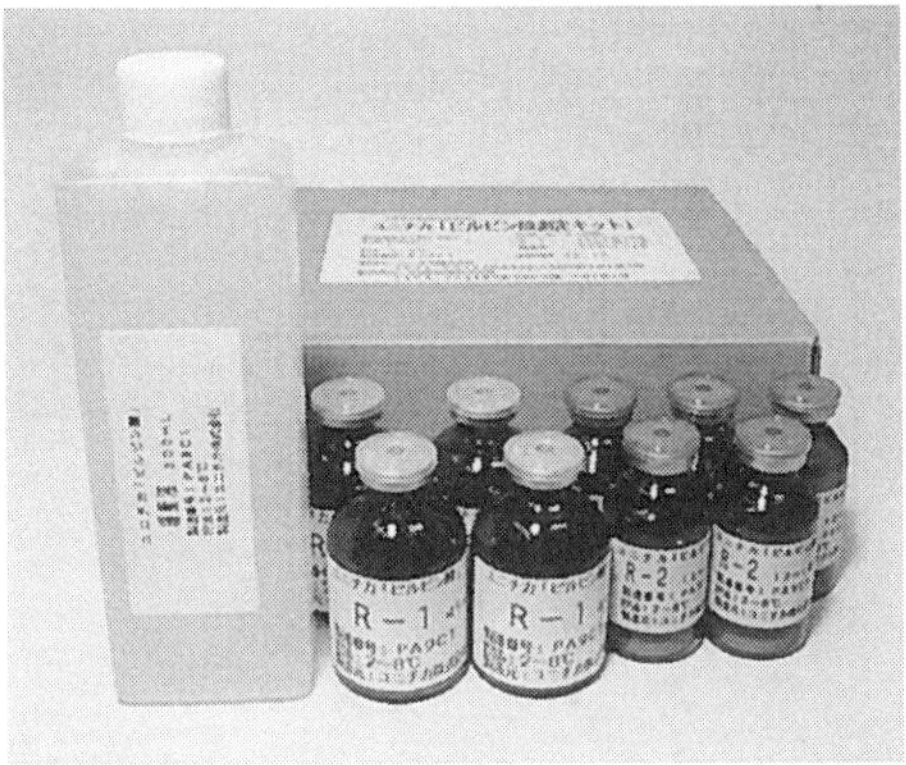

[測定原理]

試料中のピルビン酸は、NADH と乳酸脱水素酵素の存在下、乳酸に変換されます。このとき試料中のピルビン酸と等モル数の NADH が酸化され、NAD⁺を生成します。このため、NADH が有する 340nm 付近の紫外部の吸収が減少します。この減少量を分光光度計により測定することで、ピルビン酸濃度を求めることが可能です。

NADH：ニコチンアミドアデニンジヌクレオチド（還元型）
NAD $^+$：ニコチンアミドアデニンジヌクレオチド（酸化型）

図 30　ピルビン酸測定キット（提供：武蔵野商事（株））

大内　ですから、アル添前の目標成分がアルコール一六％、日本酒度マイナス二であるとすれば、その予定成分になるまでにピルビン酸も八〇ｐｐｍを切っているようにもっていくわけです。

斎藤　どうすれば、そういう具合にもっていけますか？

大内　そういわれると困ってしまいますが。もろみのピルビン酸を自由にコントロールする方法は、まだわかっていないのです。ですから、それは今後の大変重要な研究課題ですが、ただ推定としては、グルコースが多いときには酵母もピルビン酸を細胞内に取り込むことはしないでしょうから、グルコース濃度が発酵の後期まで三％以上の高いレベルで経過したような場合には、ピルビン酸の減少速度も遅くなるんじゃないでしょうか。

ですから、後半に発酵がぐずついて糖の食い切りが鈍いようなもろみでは、ピルビン酸が多く残っている可能性があります。発酵が順調であれば、ピルビン酸の濃度も低くなるのではないでしょうか。しかし、これはあくまでも私の推察であって、今後の検証が必要です。

斎藤　そうすると、もろみが順調に発酵するようにもっていけば大丈夫ということですね。

大内　そう思います。一般的には、発酵期間を延ばすほうがピルビン酸は減ると思いますが、それには条件があって、あくまでも発酵が着実に持続していることです。酵母が弱って発酵が止まったり、止まりかけたようなもろみでは、ピルビン酸は消費されないし、細胞がスカスカになったりすると、ＰＤＣ酵素が細胞の外側でピルビン酸をアセトアルデヒドに分解しますから。

斎藤　わかりました。

大内　ところで、もろみの滴定酸度は留仕込後にだんだんと増えていきますが、中期に最高値に達した後は若干減ってくることがありますね。

斎藤　ええ、〇・一から〇・二くらい。

大内　それは、主にピルビン酸が減るからです。八八ｐｐｍのピルビン酸は、滴定酸度に換算すると〇・一mlになりますから、仮に五〇〇ｐｐｍあったものが一〇〇ｐｐｍまで減少したとすると、滴定酸度はおよそ〇・四五mlだけ減ることになります。

しかし、その一方で、コハク酸やリンゴ酸が増えるので、見掛け上は、〇・二mlくらいしか減らないとは思いますが。今回の斎藤さんの吟醸もろみではどうでしたか？

斎藤　滴定酸度についてはあまり細かく分析していないので、減ったかどうかよくわかりませんが、正直いって、今年は発酵が少しもたついたことは間違いないですね。

大内　そうですか。なんといっても、もろみがもたつかないようにすることが肝心ですね。もろみが順調であれば、木香様臭の発生に関しても、とくに心配はいらないと思います。

あとは、もろみがあまり若いうちにアル添さえしなければ。

斎藤　もろみが十分熟成しないうちに搾ると、酒にツワリ香《か》が出るといわれますが、これもピルビン酸と関係がありますか？

大内　いえ、直接は関係ないですね。ツワリ香の原因物質はジアセチルまたはダイアセチルといわれるもので、これは α-アセト乳酸という物質からできます。ですから、ピルビン酸とは直接的な関係はないのですが、ただ、その α-アセト乳酸はピルビン酸からつくられるので、間接的にはピルビン酸とも関係があるといえるでしょうね。

斎藤　それで、ピルビン酸が多いと α-アセト乳酸も多いのですか？

大内　その可能性はありますね。

斎藤　ツワリ香物質も、やはりアル添したときにできるんですか？

大内　いえ。ジアセチルは、酒が搾られた後でできるんです。

斎藤　そうすると、酵母がいなくてもできるわけですね？

大内　そうです。というよりも、酵母がいると、かえってジアセチルはできないのです。

斎藤　？

大内　酵母がいると、ジアセチルを細胞内に取り込んで、それを悪臭のないアセトインという物質に変えてくれるからです。

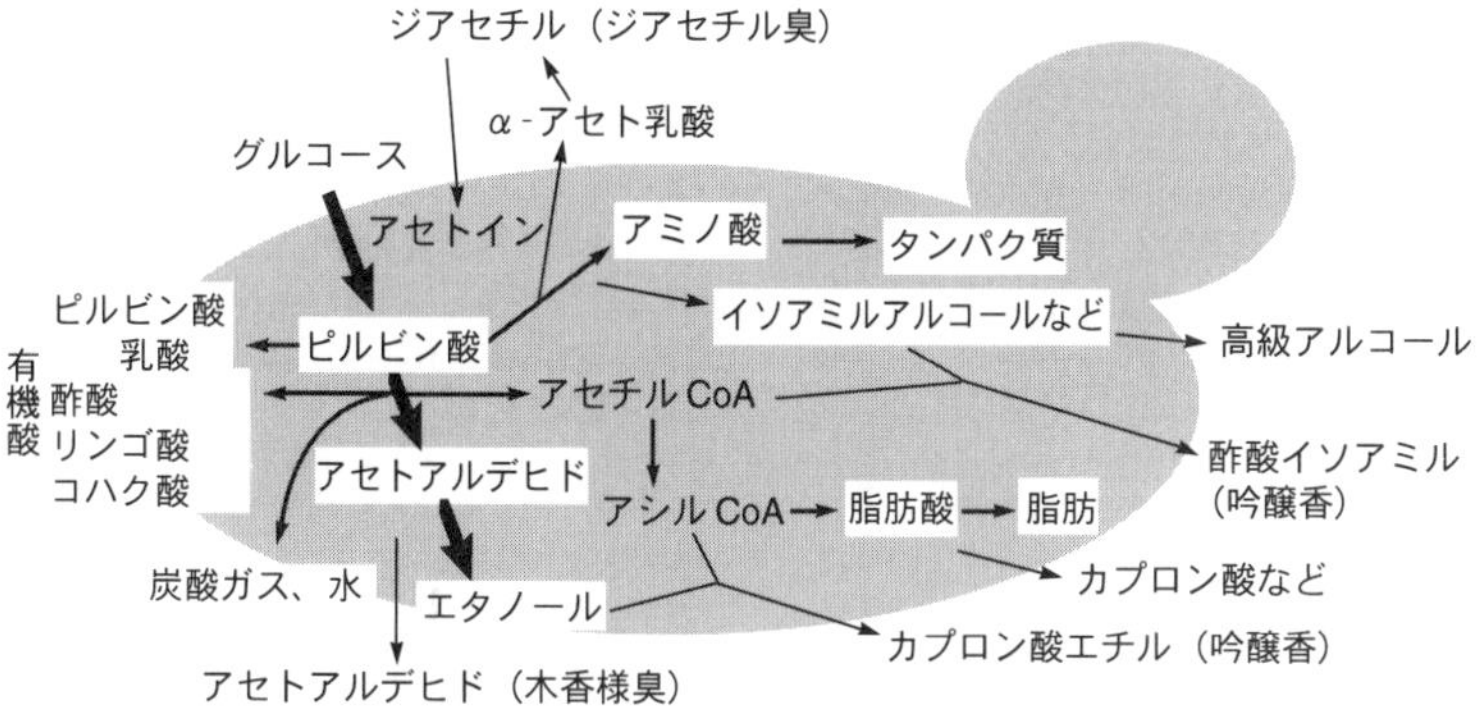

図 31　ジアセチルは酵母の細胞外で α-アセト乳酸から生成する

斎藤　そうすると、ツワリ香と酵母との関係は？

大内　ちょっとややこしいですね。図31に示したように、酵母はピルビン酸から α-アセト乳酸をつくりますが、それが細胞外に生産された後は、酵母なしで純化学的にジアセチルができてくる。逆に、できたジアセチルは、酵母がいるとそれを細胞内に取り込んでアセトインに変えてくれます。

斎藤　それで、もろみではツワリ香が出ないのに、搾ってから出るわけですか。

大内　そうです。ジアセチルは、清酒にわずか一ppmあっただけでも嫌な臭いがつきますから、始末が悪いですね。

斎藤　ツワリ香がついてしまったら、どうすればいいですか？

大内　その酒に酒粕を溶いたり、もろみと混合したりして、酵母と接触させてから濾す方法があります。

斎藤　酵母を利用して矯正するわけですか。

大内　ええ。ただ、ジアセチル臭は消えても、味はくどくなるし、吟醸香も低くなりますから、品質がガタンと落ちることは覚悟しなければなりません。やはり、α-アセト乳酸が酒に多く残らないようにして、ジアセチル臭を出さないことが肝心です。

斎藤　それには、もろみを熟成させればいいですか？

大内　そうです。もろみが熟成してピルビン酸が一〇〇ｐｐｍを切る頃には、α-アセト乳酸も少なくなっているでしょうから。それでもジアセチルが出たときには、火落菌の増殖を疑ったほうがいいでしょうね。火落菌はジアセチルをよくつくりますから。

■純米酒でも木香様臭は出るのですか

斎藤　また木香様臭のことですが。純米酒では木香様臭は出ないのでしょうか？　ちょっと馬鹿な質問ですが。

大内　いえ、なかなか鋭い質問ですよ。純米酒ではアルコール添加をしませんからね。純米酒では、アル添をしないので、木香様臭は出ないのが普通ですが、稀には出ることもあるようです。

斎藤　それはどういう場合ですか？

大内　発酵が進んでアルコール分が一八％にもなると、酵母は弱ってきますから、ＰＤＣ酵素が細胞の外側で作用するようになる可能性があります。その時、まだピルビン酸が一〇〇ｐｐｍ以上残っているようなら、アセトアルデヒド臭が出ても不思議はありません。

斎藤　そうですか。

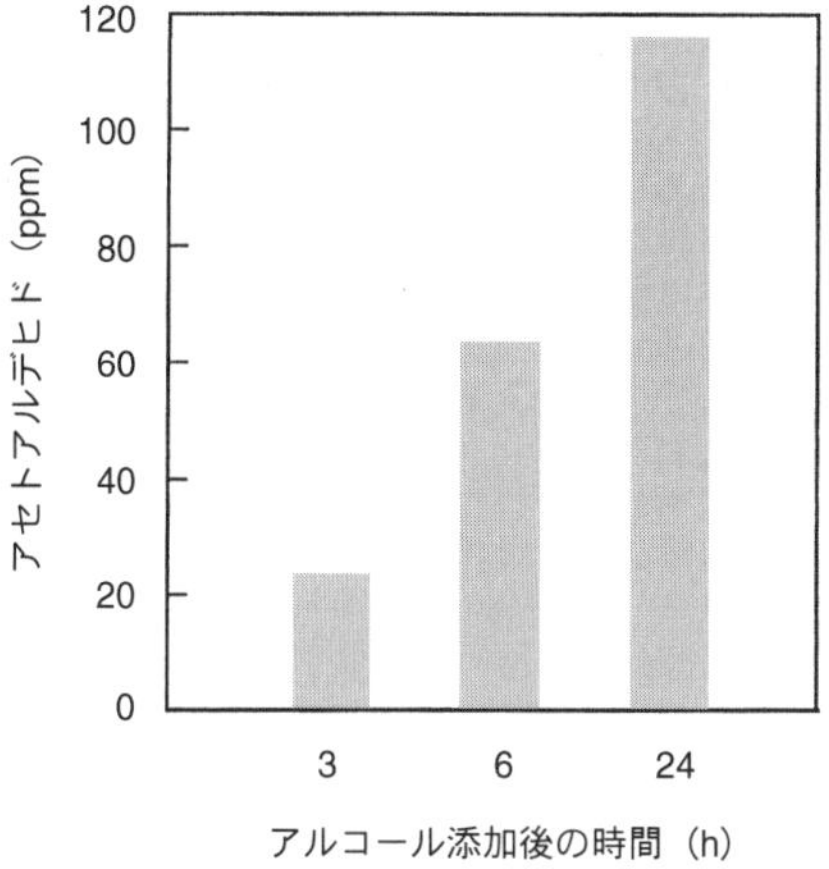

図 32　アセトアルデヒドはアルコール添加後、時間とともに増加する（提供：福田和郎氏）

大内　話をアル添に戻しますが、アセトアルデヒドの生成量は、アル添時のピルビン酸の濃度が高いほど多くなりますが、もう一つ、アル添してから搾るまでの時間が長いほど、多くなる傾向があります。

図32をご覧ください。これは、ピルビン酸濃度が二〇〇ｐｐｍのもろみにアル添した場合、アセトアルデヒドが時間とともにどう変化するかを見たものですが、このように一時間後に比べて六時間後には四倍に増加しています。斎藤さんの場合にはアル

添後、何時間で上槽していますか？

斎藤 三時間です。

大内 三時間なら長くはないですね。

斎藤 もっと短いほうがいいですか？

大内 いえ。アセトアルデヒドの生成だけに関していえばそうですが、アル添の効用としては、酒粕に吸着したカプロン酸エチルなどの芳香成分を酒のほうへ溶出させる作用がありますから、その点を考えれば、あまり短いのもよくないでしょう。ピルビン酸が八〇ppm以下に減っていれば、木香様臭の問題はないわけだから。でも、あまり長いと、今度は酵母の細胞からアミノ酸などが漏れ出てきて、酒の味をくどくしますし、三、四時間くらいがちょうどいいかもしれません。

斎藤 そうですか。

大内 これは余談ですが、図33に示したように、最近、ピルビン酸を最高でも一〇〇ppmしか生産しない清酒酵母が協和発酵の研究陣によって育種されています。その酵母はFP131-11というのですが、それを使えば木香様臭の心配は、初めからなくなるわけです。

斎藤 それはいい酵母ですね。

大内 ええ。近頃街の居酒屋でも、時々木香様臭のする酒に出会って嫌になりますが、こ

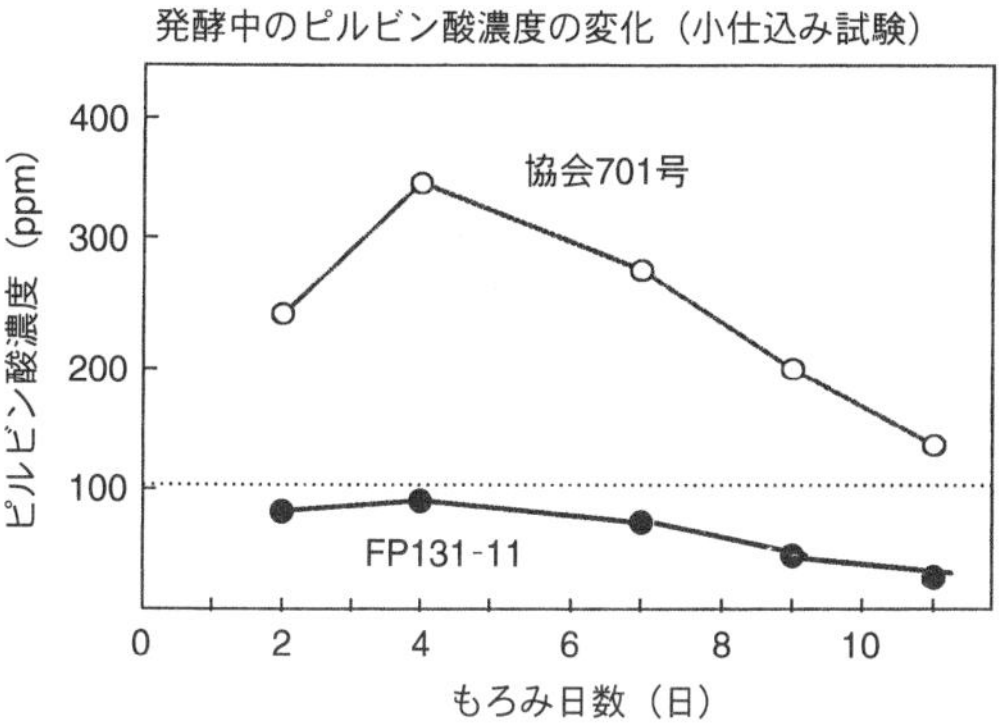

図 33　最近、ピルビン酸を少ししか生産しない酵母 FP 131-11 が育種されている。FP 131-11 酵母のピルビン酸生成は最高でも 100 ppm 程度（提供：福田和郎氏）

の変異酵母を使えば、そういう心配はなくなります。

ただ、この酵母は協会七〇一号を親として普通酒醸造用に育種された変異株ですから、カプロン酸エチルの生産が少し足りないかもしれません。そこを改良すれば、吟醸用としても優れた酵母になるでしょうけど。

斎藤　でも、普通酒の醸造にはいいですね。普通酒の場合には、もろみ一本ごとにアル添時期を変えるなんて、とてもできませんから。本当は、もろみの熟成具合を見てアル添時期を決めるべきですが、近頃はなかなかそうもいきませんし。

大内　ええ。熟成度合にかかわらず、皆一律に行っているところがほとんどじゃないでしょうか。

■木香様臭は後で直せますか

斎藤　酒に木香様臭がついてしまったら、後で直す方法はないでしょうか?

大内　木香様臭は活性炭でも除けません。それどころか、活性炭で濾過すると、かえって目立つようになります。貯蔵すれば酒が熟成するにつれて少しは弱まりますが、根本的な矯正法はありません。

斎藤　そうすると、やはり、もろみの段階で気をつけるほかないですね。

大内　そうなります。話があっちこっちしましたが、木香様臭がなぜ出るか、出ないようにするにはどうすればよいか、おわかりいただけたでしょうか。

斎藤　はい。ポイントとしては、もろみを順調に発酵するようにもっていくこと、そして、アル添時期の日本酒度とアルコールが予定成分になるまでに、ピルビン酸を八〇ｐｐｍ以下になるようにすること、ですね?

大内　そのとおりです。できれば、ピルビン酸の濃度を分析してみたほうがいいですね。

斎藤　今後はそうしてみます。

大内　ピルビン酸に関しては、まだまだ研究が不十分なものですから、歯切れの悪い点が多かったかと思いますが。

斎藤　いえ、ずいぶん勉強になりました。

6　酸が多く出てしまいました

【聞き手】鈴木さん──杜氏歴一八年、六〇歳代後半

鈴木　実は、今年の吟醸酒に酸が多く出てしまい悩んでいます。今日はそのあたりのことをお聞きしたくてお訪ねしました。

大内　そうですか。酸はどれくらい出ましたか？

鈴木　二・一です。

大内　アルコール添加前の分析値ですね。二・一 mlというと、吟醸酒のもろみとしては、ちょっと多いですね、これまではどれくらいだったんですか？

鈴木　一・八 mlくらいでした。

大内　滴定酸度が二・一 mlといっても、他の醸造物ではとくに問題にならない程度の量ですが、清酒の場合はデリケートですからね。

鈴木　吟醸酒は、一番酸が目立ちやすいですからね。
大内　今年、分析担当者が変わったというようなことはなかったですか？
鈴木　いえ。これまでと同じです。
大内　滴定酸度は分析者によって多少、個人差が出ることがあって、それで聞いてみたのですが。酵母は何ですか？
鈴木　実は今年、ちょっと変えてみたのです。
大内　どういう酵母にですか？
鈴木　カプロン酸エチルを多く出す系統の酵母です。今年は入手先を変えてみました。
大内　そうですか。でも、酵母が変わったせいだけとはいえないかもしれませんね。種酵母の培養はどうしているのですか？
鈴木　以前から、私が自分で培養しています。
大内　酸の増えた原因は、いくつか重なっているかもしれませんね。断定はもちろんできませんが。
鈴木　いくつかですか？　私の種培養にも原因があるでしょうか？
大内　いいえ、それはないと思いますが。

■酸が増える原因

大内　酸の増える原因は三つあって、図34のように、一つは酵母の種類、一つは醸造条件、そしてもう一つは乳酸菌の汚染です。

酵母の種類については、泡なし酵母は泡あり酵母に比べて酸が少ない傾向にありますが、泡あり酵母の間でも、協会一〇号や一四号は七号や九号に比べて少ない。これは鈴木さんもご存知のとおりですが、カプロン酸エチルを多くつくる酵母はどうかというと、一般的に酸の生成は少ないようですね。とくに酢酸の生成は少ないようです。

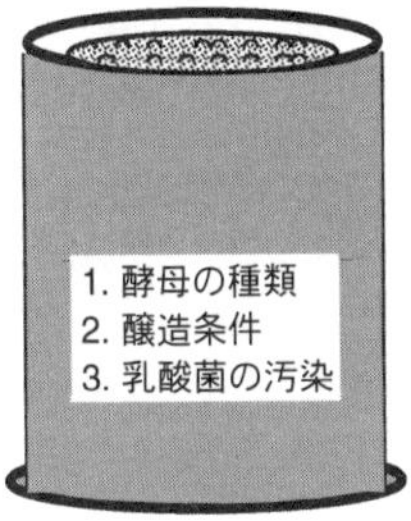

図 34　もろみで酸が多く出る原因

鈴木　少ないのですか？

大内　ええ。しかし、同じ酵母でも、醸造条件によって酸の生成量はかなり違いますからね。

鈴木　醸造条件というと、温度とか、ですか？

大内　ええ。温度もその一つです。具体的には酒母ともろみとを比較すると、わかりやすいと思いますが。例えば、同じ酵母でも、酒母ともろみでは酸の生成量がだいぶ違いますね。

鈴木 でも、酒母には、初めに乳酸を添加しますから。
大内 ですから、その乳酸分を差し引いた値で比較するのです。
鈴木 そうすると、速醸酒母でだいたい三mlくらいでしょうか。
大内 それくらいですね。しかも、酒母の最終アルコールは一二%程度ですから、そのわりに酸の生成は多いですよね。
鈴木 もろみに比べて、たしかに多いですね。
大内 酒母の場合は、酸を多く出させることが目的ですから、それでいいのです。
鈴木 酒母ともろみの違いというと、温度のほかには麴歩合ですか？
大内 温度のほかに麴歩合、汲水歩合なども違います。酒母の標準的な麴歩合は三三%ですから、もろみの標準的な麴歩合に比べて、一〇%以上も多いし……。
鈴木 汲水歩合は、酒母が一一〇%、もろみが一三〇%ですから、汲水もかなり詰まっていますね。
大内 それに麴自体というか、破精《はぜ》の廻し方や老《ひな》方も違います。
鈴木 私も酒母麴の場合は、出麴を伸ばして、ほとんど総破精《そうはぜ》麴にしています。
大内 それだけ酵素力も強いのです。そのうえ汲水を少なくしますから、当然、酒母の糖濃度は高くなります。

鈴木　はい。もろみの最高ボーメは八度くらいですが、酒母の最高ボーメは一六度くらいにもなるでしょうから、ボーメも酒母のほうが二倍くらい高いですね。

大内　ですから、糖濃度が高いし、しかも温度も高いので、酸は出やすくなります。そのほか、麹菌のつくるビタミンも酸の生成に関係するらしいですよ。

鈴木　ビタミンですか？

大内　ええ。これは黄桜酒造や冨安本家の人たちが指摘していることですが、麹菌がつくるビタミンの一種のビオチンやチアミンが酵母の酸生成を強める作用があるというのです。ですから、麹歩合を高めるほど、あるいは麹菌の破精廻りをよくするほどビオチンなどが多くなって、酸生成も多くなる可能性があるわけです。

鈴木　そうすると、突破精《つきはぜ》麹にすれば酸の生成も少なくなりますか？

大内　そう考えられますね。酒母麹の場合には、酸を出させるのが目的ですから、総破精麹にするのは合理的で、酒母で酸が多く出る原因としては、温度、糖濃度、ビタミンがそれぞれ、または複合的に関係しているんでしょうね。

鈴木　そうですか。でも、私の吟醸もろみで酸が多く出た原因は、どう考えればいいんでしょうか？

大内　そこが問題です。

■醸造条件と酸の出方

大内　今年、もろみの温度経過を変えましたか？

鈴木　いえ、とくに変えるつもりはなかったのですが、ボーメの切れが悪かったものですから、結果的にはもろみの後半の温度は高めになってしまいましたね。

大内　糖の食い方が弱くて温度を下げ切れなかったわけですね。

鈴木　そうです。ここにもろみの経過簿をもってきたので見てください。

大内　なるほど、アルコール添加前で八℃ですか。一〇℃で引っ張っている期間も長いですね。もろみの最高ボーメは？　八・五ですか。これも高いですね。

鈴木　今年はどうもボーメが出すぎましてね。それで、最高温度を一〇・五℃と高めにしたのですが。

大内　その時点で追い水はしなかったのですか？

鈴木　しませんでした。ボーメの切れが緩慢だったので、後半には追い水を打ったのですが、それでも、最後は日本酒度がマイナス六で動かなくなったため、アルコールを目一杯添加したようなわけで……。

大内　そのようですね。どうしても発酵が鈍いと酸は出ますね。糖が残るのでピルビン酸が減らなくなるからでしょうか。ピルビン酸の分析はしましたか？

鈴木　ピルビン酸ですか？　いいえ。

大内　ピルビン酸の減少によって、後半、酸が少し減るようだといいんですが。とにかく、吟醸酒のもろみとしてはボーメが出すぎのようです。もろみの麹歩合は？

鈴木　二一％です。

大内　麹の出来具合はどうでしたか？

鈴木　今年はよくできたと思います。

大内　酵素力価は測っていますか？

鈴木　いいえ。ただ、吟醸酒の味にふくらみをもたせようと思って、例年より出麹時間を延ばしてみました。

大内　留麹の場合で、製麹時間は何時間ですか？

鈴木　五六時間です。

大内　最高積替えから出麹までの時間は？

鈴木　一六時間です。

大内　そうですか。かなり力の強い麹ができたようですね。少しできすぎだったかな(笑)。

鈴木　できすぎですか？

大内　いや、わかりませんが、ボーメの出方は麹の酵素力だけでなく、蒸米の冷却方法というか、蒸米を低温に晒す時間などによっても影響されますから。ただ、結果的には糖化と発酵のバランスが悪かったといえます。

鈴木　つまり、麹の酵素力のほうが酵母の発酵力よりも強かったということですね？

大内　まあ……。

鈴木　そうですか。麹歩合を少し下げればよかったんでしょうか？

大内　そうしてもよかったかもしれません。ところで、酒母は普通速醸ですか？

鈴木　そうです。

大内　汲水歩合と乳酸添加量はどうなっていますか？

鈴木　汲水歩合は一一〇%、乳酸添加量は三五〇m*l*です。

大内　汲水一〇〇*l*当り乳酸が三五〇m*l*ですか。だいぶ少ないですね。五〇〇m*l*は必要だと思いますが。

鈴木　実は、今年から少なくしました。そのほうがもろみの酸も少なくなるんじゃないかと思って。

大内　なるほど。でも、それは危険ですね。酒母の酸が少なすぎると、かえってもろみで酸が増えることがありますから。酒母の使用前酸度はどれくらいでしたか？

鈴木　四・二でした。

大内　かなり少ないですね。酒母の酸は、もろみでバクテリアが増殖するのを抑える大事な役目がありますからね。酸があまり少ないと、もろみの初期に乳酸菌が生育する危険性だってありますよ。アルコールが出れば、後はアルコールがバクテリアの繁殖を抑えてくれますが。

鈴木　すると、今年は乳酸菌が繁殖したのでしょうか？

大内　一つの可能性としては考えてよいかもしれません。乳酸菌が初期にもろみで増殖したとすれば、〇・三mlℓ程度はそのせいで増えたとしても、おかしくはないですから。

ところで、もろみ前半の滴定酸度はどうなっていますか。踊り時が二・二mℓ、留添後七日目で一・五mℓですか。酒母の酸が少なかったわりには、踊りの滴定酸度は高いようです。踊りの様子はどうでしたか。泡が全面にかかるほど進みましたか？

鈴木　泡なし酵母を使ったのでよくわかりませんが、それほど進めなかったはずです。

大内　酵母の発酵が極めて活発であれば、酵母がつくった酸とも考えられます。七日目で一・五mℓですか。これも少し多いですね。断言はできませんが、乳酸菌が増殖していた可能性も否定はできないと思いますよ。

鈴木　乳酸菌はどこから入り込むんでしょうか？

大内　原料、容器具、衣服、手など、どこからでも入り込みます。容器具と麹から持ち込まれる乳酸菌が多いようです。麹の中のバクテリアを調査してもらったことはありますか？

鈴木　いいえ。

大内　麹の中には人間の害になるようなバクテリアはいませんが、酸の生成に関係する乳酸菌などはいますから。

鈴木　調査してくれるところはありますか？

大内　頼めば、日本醸造協会がやってくれると思います。もちろん有料ですが。

鈴木　そうですか。でも、乳酸菌が多いといわれたらどうすればいいでしょうか？

大内　やはり、製麹に用いる器具や布などを、つくり中でもこまめに洗浄するとか、手洗いの励行、アルコール噴霧による消毒などしかないでしょうね。蔵内を清潔に保っていれば、麹中の細菌数は確実に減ると思いますよ。

　ただ、それでも、乳酸菌をゼロにするのは無理ですから、やはり酒母の乳酸添加量は、ある程度多くするのがいいでしょうね。

鈴木　少なくとも五〇〇 m*l* ですか。もっと多く、例えば五五〇 m*l* 添加したらどうなりますか？

大内　とくに問題はないと思います。清酒中の有機酸の約八〇％は酵母が生産するコハク酸、リンゴ酸、乳酸、ピルビン酸などですから、速醸酒母に加える乳酸の分は、全体の一〇％くらいでしょう。ですから、五〇や一〇〇mlℓ増やしたところで、もろみの最終段階では有機酸全体の一％か二％程度にすぎませんから、酸度の増加という点ではほとんど問題にならないでしょう。

鈴木　そうですか。次のつくりでは五〇〇mlℓまで上げてみようかと思います。

大内　そのほうがいいでしょう。

鈴木　それで、結局、今年酸が増えた理由は？

大内　ボーメが高く、発酵がもたついたこと、積算温度が高かったことが主な原因だったんじゃないでしょうか。

鈴木　やはり、発酵を順調にさせることが一番ですね。

大内　それが基本です。それと、酒母の乳酸添加量をあまり少なくしないこと。

■酵母の育種による酸生成のコントロール

大内　話は少し変わりますが、最近は、酸の生成量を酵母の育種改良によってコントロールする研究が盛んになりました。その結果、例えば、日本醸造協会の研究陣によってNo.八六という、酸生成の少ない酵母やNo.七七という酸生成の多い酵母などが育種されています（表13）。

鈴木　酸の生成はどれくらい違いますか？

大内　No.八六は、協会七号酵母よりも滴定酸度で一mlくらい少ないそうですから、かなり酸の少ない酵母です。

鈴木　これまで少酸酵母といわれた協会一〇号よりも、もっと少ないですね。

大内　ええ。一方、No.七七のほうは、協会七号より一ml以上も多く生成するそうですから、かなりの多酸酵母です。

　ただ、多酸酵母といっても野生酵母と違って、酢酸はあまりつくらないようです。昔、ほとんどが野生酵母で酒をつくっていた時代には、酸が多いだけでなく、酢酸臭、いわゆる酸臭ですが、プンプン臭うもろみがたくさんありましたから。

表 13　多酸性および少酸性育種酵母による小仕込み清酒の成分

成　　分	協会 No. 77（多酸性酵母）	協会 No. 86（少酸性酵母）	協会 7 号（標準的、比較用）
アルコール（%）	17.8	18.2	18.2
日本酒度	−5	+2	±0
酸度（ml）	3.8	1.8	2.9
アミノ酸度（ml）	2.2	1.9	1.9
コハク酸（ppm）	227	206	412
リンゴ酸（ppm）	1 423	205	330
乳酸（ppm）	207	210	250
ピルビン酸（ppm）	47	100	222
酢酸（ppm）	89	90	130
イソブチルアルコール（ppm）	79	19	102
イソアミルアルコール（ppm）	199	220	167
酢酸イソアミル（ppm）	4.3	5.0	5.0
E/A 比（×100）	2.2	2.3	3.0
カプロン酸エチル（ppm）	4.8	5.5	1.6

（吉田　清：日本醸造協会雑誌、90 巻、751 頁、1995 年より）

鈴木　はい。私の若い頃の昭和三〇年代でも、酸が三 ml 出るのはごく普通でした。

大内　酸が四 ml 近くも出るようなもろみもありました。それが、昭和四〇年代でしょうか、野生酵母の駆逐に成功してからは、現在のように酸が少なく、すっきりした酒質になったのです。

鈴木　酵母の影響は大きいですね。No. 七七のつくる酸は何が多いですか？

大内　リンゴ酸です。

鈴木　リンゴ酸は爽やかな酸味だそうですね。

大内　ええ、一応そういわれてます。それから、No. 八六もそうですが、No. 七七はカプロン酸エチルを多くつくるように改良されているので、吟醸香の生成が非常に多いです。

鈴木　香りもいいわけですか。清酒の多様化には使えますね。

大内　もちろん、吟醸酒づくりに使ってもよく、現に多く利用されているようです。

鈴木　No.八六のほうですね？

大内　ええ。どうも、話が脇道に逸れてしまいましたが、吟醸もろみの酸を減らすためにはどうすればよいか、そのヒントはおわかりいただけたでしょうか。

鈴木　はい。酒母の乳酸添加量をあまり少なくしないことと、発酵を順調に進めること、ですね？

大内　そうです。もろみの最高ボーメも、あまり高くしないほうがいいと思います。そのためには、出麹時間をもう少し短縮して麹の糖化酵素力とビタミンの生成を抑えるか、麹歩合を少し下げて、最高ボーメが七以上にならないように加減したほうがいいんじゃないでしょうか。

鈴木　次のつくりではそうしてみます。

大内　今日のことも含めて、何か疑問がわきましたら、いつでもご連絡ください。

7 ムレ香《か》が出て困りました

【聞き手】高橋さん――製造部長、五年前から事実上の杜氏、五〇歳代半ば

高橋　先日、初呑み切りがあり、純米酒にムレ香がするといわれました。
大内　純米酒は生で貯蔵しているんですか？
高橋　はい。生貯蔵酒として出荷する予定です。
大内　高橋さんはその生貯蔵酒をどう思いましたか？　やはりムレ香を感じましたか？
高橋　なんとなくこもったような臭いがしました。
大内　ムレ香があったら、やはり商品価値は落ちるでしょうね。
高橋　はい。でも、以前はあまり感じなかった臭いのように思いますが。
大内　比較的最近のことで、生酒や生貯蔵酒が出廻るようになってからです。
高橋　どうして生酒や生貯蔵酒だとムレ香が出るんですか？

ムレ香物質	性質	閾値
イソバレルアルデヒド	ムレ香本体	1.7ppm
イソバレリアン酸エチル	ムレ香を強調	0.5ppm
イソバレルアルデヒドジエチルアセタール	ムレ香を強調	1.2ppm

図 35　ムレ香は生酒を常温で貯蔵した場合に生じる不快臭

■ムレ香の本体

大内　ムレ香に関しては、白鶴酒造の研究陣が詳しく研究しています。それによると、ムレ香の本体はイソバレルアルデヒドという物質で、それがわずか一・七ppmあっただけでもムレ香が感じられるということです。イソバレルアルデヒドのほかに、イソバレリアン酸エチルやイソバレルアルデヒドジエチルアセタールという、舌を噛みそうな物質も、イソバレルアルデヒドと一緒にあると、ごく低い濃度でもムレ香を強めるらしいのです。

高橋　イソバレルアルデヒドは、どうしてできるのですか？

大内　イソバレルアルデヒドはイソアミルアルコールからできます（図35）。ムレ香を強めるイソバレリアン酸エチルなどは、そのイソバレルアルデヒドからできるようです。

高橋　そうすると、イソアミルアルコールが多ければ、ムレ香が出てくるわけですね？

大内　いいえ、そうとはかぎりません。イソアミルアルコールが多い少ないというよりも、イソアミルアルコールをイソバレルアルデヒドに変える酵素、それをアルコール酸化酵素というんですが、その活性があるかないかによるのです。

この酸化酵素の活性がなければ、イソアミルアルコールがいくら多くてもイソバレルアルデヒドはできません。イソアミルアルコールが少ない場合でも、この酵素が働くと、ムレ香の本体であるイソバレルアルデヒドができるというわけです。

高橋　そうすると、そのイソアミルアルコール酸化酵素というのが問題ですね。それをつくるのは酵母ですか？

■麴の酵素がムレ香の発生に関係

大内　いいえ、麴菌です。イソアミルアルコールをつくるのは酵母ですが、アルコール酸化酵素をつくるのは麴菌です。ですから、イソバレルアルデヒドは酵母と麴菌の合作ということになります。

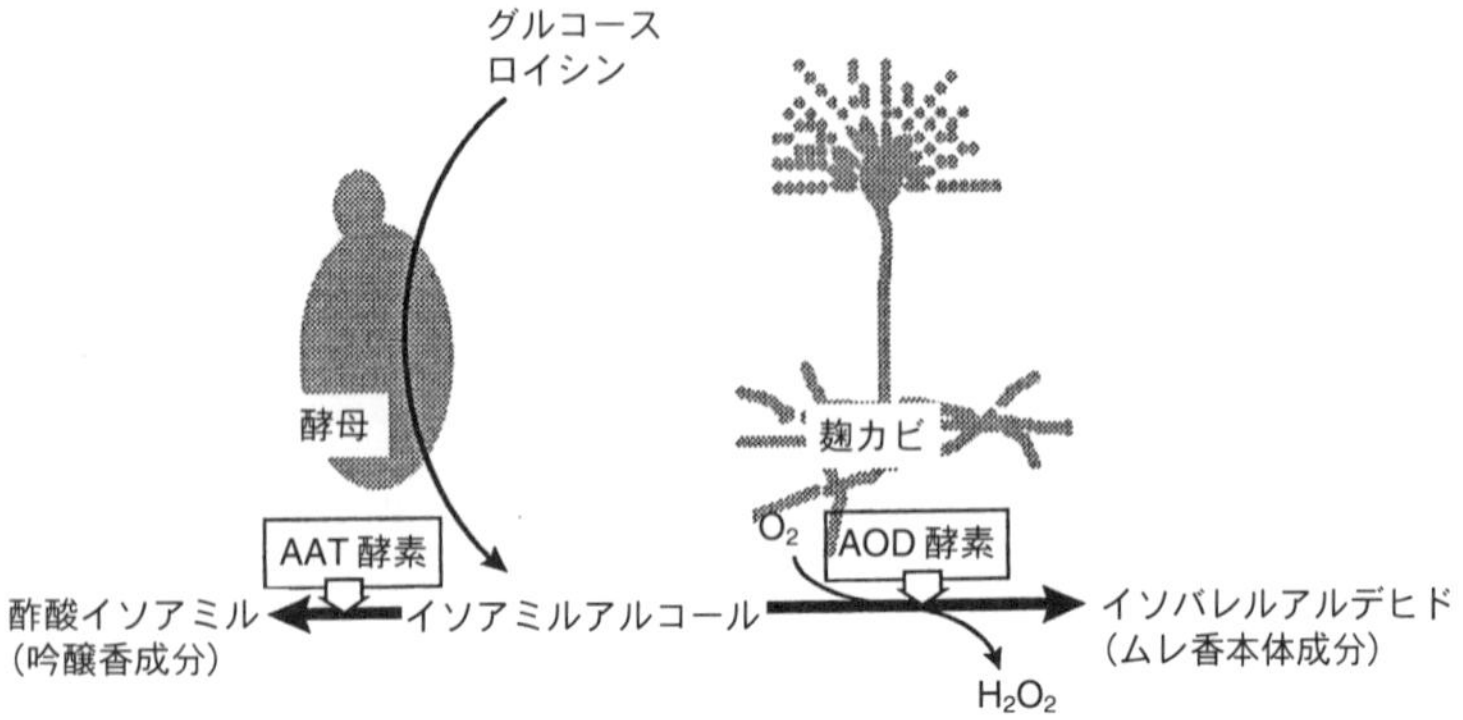

**図 36 ムレ香の本体イソバレルアルデヒドはイソアミルアルコールから麹菌の AOD 酵素により生成する
吟醸香の主要成分、酢酸イソアミルも同じイソアミルアルコールから酵母の AAT 酵素により生成する**

これは余談ですが、図36に示したように、イソアミルアルコールは麹菌の酵素によって酸化されると、ムレ香の原因のイソバレルアルデヒドになりますが、酵母の細胞内で酢酸イソアミルにエステル化されると、今度は吟醸香成分になります。同じイソアミルアルコールが、右に行くか左に行くかでまったく違う側面を見せるので、面白いですね。

高橋　イソアミルアルコールにはそんな側面があるのですか。

大内　話を戻しますと、麹の中の酸化酵素が、アミラーゼやプロテアーゼと同じように、酒の中に溶けていて、イソアミルアルコールを酸化するので、ムレ香が発生するのです。

高橋　生酒でムレ香が出る理由は、そのイソアミルアルコール酸化酵素が活性をもっているからですね。
大内　ええ。火入れ殺菌した酒では酵素の活性がなくなりますが、生酒では火入れ殺菌をするわけにはいきませんし、生貯蔵酒の場合も、瓶詰めするまでは生のまま貯蔵されますから。その間に酵素が働いてムレ香が発生するわけです。
高橋　ムレ香の問題が起こってきたのは、生酒や生貯蔵酒が定番商品になったからですね。
大内　そうです。
高橋　それはよくわかりましたが、しかし、酒母やもろみではムレ香は出ないのですか？
大内　これはなかなか鋭い質問ですね。たしかに酒母やもろみでも酸化酵素はあるはずだし、イソアミルアルコールもありますからね。
実は、イソアミルアルコールからイソバレルアルデヒドができる反応には酸素が必要なんですよ。酸化するためにね。
高橋　酒母やもろみには酸素がないんですか。
大内　そうです。正確にいえば、酸素は入り込むのですが、それを酵母がすぐ消費しますから、無酸素状態で、酸化状態の反対の還元状態になっているのです。しかし、生酒の中には酵母がいませんから、酸素が溶け込んでも消費されないで残るわけです。
高橋　なるほど。

■ムレ香の発生を防ぐには

高橋　それで、生酒でムレ香が出ないようにするには、どうすればいいでしょうか？

大内　三つの方法が考えられますね。

一つは、酒に溶け込んだ酸素を完全に除いたうえ、酸素が溶け込まないように保持すること。しかし、現場ではそう簡単でないでしょうから、現実的ではないですね。

次は、アルコール酸化酵素を取り除くことですが、このためにはＵＦ膜で生酒を濾過する装置がいります。当然、設備費がかかりますが、大手メーカーや中堅メーカーでこの方法を行っているところがあります。

高橋　ＵＦ膜というのは？

大内　限外濾過膜ともいわれますが、酵素でも濾し取れるほど、ごく目の細かい濾過膜のことです。

高橋　私はＭＦ膜というもので貯蔵前の生酒を濾過したんですが、それでは駄目ですか？

大内　ＭＦ膜では駄目ですね。火落菌を取り除くのにはいいですが、ＭＦ膜で酵素を濾し去ることはできません。

酵素というのは、微生物よりもはるかに小さく、光学顕微鏡でも見えないほどですから、UF膜でないと、どうしても除けないのです。

高橋　そうですか。

大内　で、三つめは温度を下げることですが、高橋さんのところでは何度で貯蔵していますか?

高橋　酒造蔵内の一番涼しい所においてあって、冬の間は五℃くらいだと思いますが、今頃は一〇℃、いや一五℃くらいになっているでしょうか。

大内　一五℃ですか。アルコール酸化酵素の作用を抑える意味では、決して低い温度とはいえませんね。酵素活性は温度が下がると弱まりますが、この酵素はわりあい低い温度でも作用するのです。

例えば、一〇℃で一か月間貯蔵しただけでもムレ香が感じられるほどイソバレルアルデヒドを生成するそうですから、少なくとも五℃以下、できれば0℃くらいが望ましいですね。

高橋　五℃以下ですか。

大内　現場で確実にその温度を保つのは、なかなか難しいかもしれませんが。

高橋　そうですね。

大内　ムレ香の発生は、麹によっても違うとは思いますが、若麹を使ったからといって安心はできませんし……。

高橋　イソアミルアルコール酸化酵素を生産しない種麹はないですか。それがあれば、設備も何もいらなくて、一番いいわけですが。

大内　そうですね。実際にそのような研究もなされていますが、まだその種麹は売られていません。

■ムレ香は後で直せますか

高橋　ムレ香が出てしまったら、後では直せないんでしょうか。

大内　ムレ香は活性炭でも除きにくいから。とくに生酒や生貯蔵酒のようにフレッシュさを売り物にするタイプでは難しいでしょうね。

高橋　やはり、ムレ香を出さないようにするしかないですか。

大内　それが一番ですね。それと、出荷後にも気を配る必要があります。生酒の場合は、出荷後の流通過程や酒屋さんの店頭で、また家庭でも、ムレ香が出る心配がありますから。その点、生貯蔵酒の場合は、瓶詰め前に火入れをして出荷しますから、後でムレ香が出る心配もないのですが。

高橋　生貯蔵酒の場合には出荷前に火入れするので、酸化酵素の活性がなくなり、出荷後にムレ香が出る心配がないから、工場内で生のまま貯蔵している間だけ気をつければいいわけですね。

大内　そうです。

ただ、生貯蔵酒の場合でも、フレッシュさをセールスポイントにすることに変わりはないから、卸の倉庫内や小売店内でも低温で保管してもらえるように、十分コミュニケーションをとっておくことが大事です。

なんといっても、生酒や生貯蔵酒は早く消費されることが望ましいので、売れ残っていないかどうか見廻るとか、残っていたら回収するなど、管理の行き届く範囲で展開すべきでしょう。

高橋　わかりました。

今年は失敗してしまいましたが、来年はどうするか、設備のこともありますので社長とよく相談してみます。

それで、もう一つだけ、UF膜のことなんですが、これで処理した場合、酒の品質に影響は出ないのでしょうか。

大内　ＵＦ膜で濾過した酒は、少し痩せるというか、味が軽くなるようです。でも、生酒や生貯蔵酒の酒質は少し軽めのほうがいいんじゃないでしょうか。

高橋　そうですね。ずいぶん参考になりました。

8　仕込配合やもろみの温度経過はこれでいいですか

【聞き手】阿部さん―杜氏歴二三年、六〇歳代後半

大内　阿部さん、半年ぶりですね。
阿部　その節はどうも。またお邪魔させてもらいました。
大内　今年もまた、酒づくりが始まりますね。
阿部　ええ、今日、これから蔵入りするところです。
大内　この前こられたのは、新酒の火入れが終わって郷里に帰られるときでしたか、ついこの間のような気がします。
阿部　あの時は吟醸酒づくりの基本をいろいろと教えていただいたのに、忘れたこともあって……。それで、あの時聞き漏らしたことも含めもう一度お話を伺えないかと思ってやって参りました。

■原料米

大内　ご質問とはどんなことですか。

阿部　一つは原料米のことです。この前のお話で、なぜ米を白く磨かなければならないか、その理由はわかったのですが、米の品種についてもお聞きしたいと思いまして。米は、やはり山田錦でないと駄目ですか？

大内　駄目ということはないですが、山田錦が使えれば最高ですね。酒米にもいろいろな品種がありますが、山田錦、それも兵庫県産山田錦の評価がやはり一番高いようです。

阿部　やはりそうでしょうね。でも、どうして一番いいんですか。というか、どこが違うんですか？

大内　(笑)阿部さんも、だいぶ理屈っぽくなってきましたね。いや、大変いいことだと思いますよ。

阿部　これはどうも(笑)。山田錦は大粒で心白《しんぱく》があって軟質で、精米も比較的しやすいことはわかりますが、例えば、一般米と比べて成分などに違いはあるのでしょうか？

大内　ええ、コシヒカリや日本晴などの一般米に比べて、粗タンパクの含有量は幾分少な

表 14　原料米の分析値（平均値）

	山田錦	五百万石	八反錦	日本晴	コシヒカリ
玄米千粒重（g）	26.45	25.83	26.51	22.33	22.99
粗タンパク（%）	5.20	5.76	5.42	5.94	6.40
消化性フォルモール窒素（ml）	1.97	2.13	2.04	2.10	2.22
消化性直接還元糖（%）	9.53	9.71	9.78	9.30	9.46
吸水性 20 分（%）	28.68	25.88	29.47	23.63	21.89
吸水性 120 分（%）	30.10	27.77	30.18	29.26	28.82
蒸米吸水性（%）	40.23	37.72	39.85	39.45	40.50

（酒米研究会データより）

いですね。表14を見てください。コシヒカリと日本晴の粗タンパク含有量は、それぞれ六・四〇%と五・九四%ですが、山田錦は五・二〇%です。

阿部　酒米の五百万石や八反錦と比べても、まだ少ないようですね。

大内　ええ。五百万石と八反錦一号の粗タンパクは五・七六%と五・四二%ですから。消化性フォルモール窒素といって、米のタンパク質から生じるアミノ酸の目安ですが、その数値も山田錦は低いです。

阿部　すると、タンパク質が少なくて、アミノ酸が出にくいことが、よい酒米の条件といっていいですね?

大内　ええ、それも条件の一つといっていいでしょう。酒造好適米の条件としては、千粒重が大きいこと、心白率が高いこと、粗タンパクおよび粗脂肪の含有量が少ないこと、精米歩合三五～四〇%まで精白しても砕米が少ないこと、などがあげられますが、山田錦はその条件をほぼすべて満たしているのです。
ただ、山田錦よりも粗タンパクや消化性フォルモール窒素の低い米もありますし、千粒重や心白率の高い酒米はありますから、なぜ山田錦が一番いいのかを説明するのは大変難しいです。

阿部　そうですすか。

大内　しかし、山田錦でつくった吟醸酒は、秋上がりするといいますか、日本晴などの一般米でも、新酒の段階では山田錦の吟醸酒と遜色ないものができるようですが、秋まで貯蔵した後で比較してみると、やはり山田錦のものにかなわないようです。山田錦の吟醸酒は、味にふくらみがあって、ふくよかに仕上がる。それは、吟醸酒づくりで有名な熊谷知栄子先生もおっしゃっているし、大方が認めるところだと思います。

阿部　秋になると差がつくわけですね。でも、どうして山田錦の吟醸酒は秋上がりするんでしょうか？

大内　それがわかればいいのですが。山田錦の吟醸酒と日本晴の吟醸酒との間には、何らかの成分的な違いがあるはずですが、それがどういうものかは、今のところまったくわかっていません。米の粗タンパクの違いなどで説明できるほど単純なものでないことだけは、間違いないと思います。

阿部　難しいんですね。

大内　ええ。もしかしたら、米からくる成分ではないかもしれませんし。

阿部　ええっ、米の違いではないんですか？

■もろみの発酵経過と酒質

大内　いや、阿部さんもご存知のように、米の品種と精米歩合がまったく同じでも、もろみの発酵経過が違うと酒質が大きく違ってきますよね？

阿部　それはそうですが。

大内　ということは、米以外のファクターも大きいということです。酵母、麴、あるいはその両方の影響かもしれませんね。

阿部　そうかもしれませんが……、発酵経過のばらつきはあっても、全体として山田錦がいいということではないですか？

大内　これは鋭いご指摘ですね。そうすると、やはり米に差があるということになりますか。

阿部　そうだと思います。

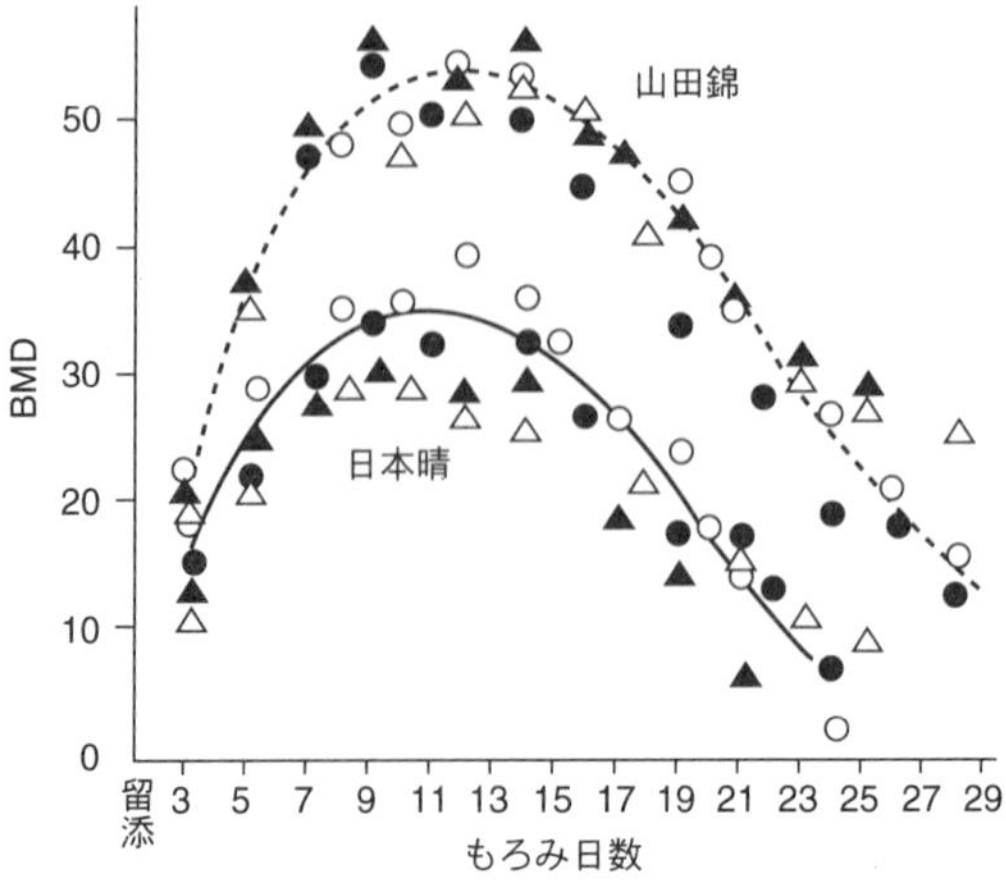

図 37　吟醸もろみのB曲線
山田錦で仕込んだもろみは、日本晴で仕込んだもろみに比べて、B曲線の山が高くなる（熊谷知栄子：吟醸造りのポイント、吟醸と吟醸酵母、日本醸造協会より）

大内　ただ、山田錦と他の米とで、発酵経過も平均して同じになるかどうか。例えば、一般米でつくる場合には、山田錦に比べて米の溶けが悪くて、どうしても糖分の蓄積が少ないので、糖分の食いきりも速くなりますね。

図37をご覧ください。日本晴で仕込んだもろみと山田錦で仕込んだもろみの発酵経過をB曲線で示したものですが、このように日本晴のもろみでは山の低い、小さな曲線になります。これに対して、山田錦のもろみは山の高い、大きなカーブになります。

ご存知と思いますが、B曲線によるもろみの管理は、熊本県の香露醸造元の萱島昭二先生が考案したもので、横軸に留添後の日数を目盛り、縦軸に日数とその日のボーメを掛けた数値、BMDを目盛ったグラフです。

阿部 しかし、山田錦と日本晴ではずいぶん違うんですね。

大内 ええ。山田錦は溶けやすく、ボーメが出やすいし、それに対して日本晴は溶けにくく、ボーメが出にくい。

阿部 米が硬いですからね。

大内 で、何をいいたいかというと、もし、日本晴でも山田錦と同じようなB曲線にもっていけるとすれば、山田錦の吟醸酒のように秋上がりのする吟醸酒ができるかもしれないということです。

阿部 そうでしょうか。でも、同じ経過にはできないから、というわけですね。

大内 そうできないから、同じ吟醸酒にはならない。

阿部 しかし、発酵経過が同じだと、どうして日本晴でも山田錦のような吟醸酒になるんですか?

大内 そこが問題ですね。発酵経過の違いによって酵母の代謝産物が違うかもしれませんし、今のところ、それはわかりません。

阿部 よくはわかりませんが、山田錦が大変つくりやすい米であることは間違いないですね。水に漬けた後の米の吸水率がいくぶん多めでも少なめでも、融通がきくというか。一般米の場合ですと、少なければガチガチの蒸米になるし、少し多めだとサバケの悪い、粘った蒸米になってしまう。麹をつくってみると一層よくわかりますが、山田錦は蒸米の硬化がゆっくりしていて、麹菌の破精込みのいい、ふっくらした麹になります。しかし、一般米では蒸米が硬縮しやすくて、ちょうどよい、ぎりぎりの蒸米を出さないかぎり、いい麹は絶対できません。

大内　そのへんの物理的な性質の違いは、生米や蒸米や麹の電子顕微鏡観察などの解析が進んでいて、山田錦と一般米とでどこが違うのか、なぜ山田錦の蒸米が硬化しにくいのか、なぜ山田錦は糖分が出やすいのか、うまく説明がつくようになっているのですが……。たぶん、細かいことは阿部さんも興味がないと思うし、時間もあまりありませんから簡単にしますが、米の芯部の胚乳細胞の形や並び方、アミロプラスト内のデンプン粒の形や詰まり方などに、はっきりした違いがあって、山田錦は水を吸いやすく、麹菌が入り込みやすい構造になっているようです。

蒸米を放置すると硬化するのは、蒸す際に熱によって崩れた組織が、冷めると再組織化するためで、アミロプラストも元の石垣状に戻るんですが、山田錦などでは胚乳細胞間に多数の亀裂が入るけれども、一般米ではほとんど亀裂が生じないようです。それから、山田錦などの心白部分では再組織化さえ起こりにくいし、アミロプラスト膜が破れて溶解したデンプンが露出した状態になっているようです。ですから、酵素の作用を受けやすく、消化性がいいわけです。

一般米では再組織化が速いので、麹菌も内部に破精込みにくくなるのですが、山田錦などではそれが遅いので、菌糸が内部に伸張しやすいのです。こういったことが、醸造研究所の荒巻　功先生などの研究によって明らかになってきたのです。

阿部　そうですか。たしかに山田錦はすばらしい酒米ですね。

大内　ですから、山田錦を使わせてもらえるなら、米については文句のいいようがありません（笑）。

阿部　それはそうですね。いい吟醸酒ができなくても、弁解できないということですか（笑）。

それで、吸水率は、実際どれくらいにすればいいでしょうか。

大内　山田錦の場合ですね？

阿部　はい。

大内　麹米では、水に漬けた後の吸水率が三〇％くらい、蒸し上がりの吸水率が四〇から四二％程度でいいと思います。掛米では、それより二、三％少なくするほうがいいでしょう。

阿部　蒸し時間は、私は湯気が上がってから六〇分にしていますが、それでいいですか？

大内　十分です。デンプンを糖化されやすくするだけなら三〇分も蒸せば十分ですが、タンパク質を分解されにくくするためには、三〇分以上蒸したほうがいいでしょうから。最近は、最後の五分間くらい、約一〇三℃の乾燥蒸気にして仕上げているところも多いと思います。

阿部　米のタンパク質は長く蒸したほうが消化されにくくなるのですか？

大内　そうです。デンプンの場合とは逆で、米のタンパク質は十分に熱変性したほうが分解されにくくなるようですね。ですから、生のときよりはアミノ酸が出にくくなるわけです。

■仕込配合

大内　ほかにはどんなご質問がありますか？

阿部　はい、仕込配合のことですが、これまで五年間ほとんど同じ仕込配合で吟醸酒をつくってきましたが、ちょっと気になったものですから。その仕込配合は表15のとおりです。

大内　仕込配合で押さえるべきポイントは、酒母歩合、麹歩合、汲水歩合です。それから初添《はつぞえ》、仲添《なかぞえ》、留添《とめぞえ》に対する総米の配分とそれぞれの麹米、汲水の割合など、たくさんあり

表 15　阿部さんの仕込配合表

	酒母	初添	仲添	留添	四段	計
総　米	50	105	210	385		750
蒸　米	35	70	160	325		590
麹　米	15	35	50	60		160
汲　水	60	115	265	610		1 050
アルコール					30%	225

上表を総米計 1 000 kg、30% アルコールを 100% アルコールに換算したもの

	酒母	初添	仲添	留添	四段	計
総　米	67	140	280	513		1 000
蒸　米	47	93	213	433		787
麹　米	20	47	67	80		213
汲　水	80	153	353	813		1 400
アルコール					100%	90

（注）　表の数字は元の数字を千に丸めているので、合計値に 1～2 の差異が生じている。

ますが、酒母歩合は？

阿部　六・七％です。

大内　吟醸用としては酒母歩合が高めですが、酒母は全部使いますか、それとも一部は残すのですか？

阿部　全部使います。

大内　麹歩合は二一・三％ですか。コンマ付きとは細かいですね。

阿部　なんとなくそんなふうになってしまいました。

大内　汲水歩合は一四〇％ですか。

阿部　はい。留添までは一三〇％でもっていって、残りは追水に使います。

大内　そうですか。とくにへんなところはないと思いますが。初添《はつぞえ》、仲添《なかぞえ》、留添《とめぞえ》の比率はどうなってますかな。

一対二対三・七ですか。留添がかなり重くなっていますね。何かお考えがあったんですか。

阿部　湧き進め型にしたいと思ったものですから。

大内　なるほど。それならわかりますね。酒母の麹歩合が三〇％弱ですか。三三％くらいが普通ですから、やや低めですね。酒母の汲水は一一九％強ですか。麹歩合が低いわりには汲水が伸びていますね。酒母の種類は普通速醸ですか？

阿部　そうです。

大内　初添の麹歩合は三三・六％ですか。これは逆に多めですね。酒母で少ない分をここで補っているわけですか。

阿部　はい。

でも、少し酒母に麹を廻したほうがいいんでしょうか。

大内　そうするほうが普通でしょうが、これには何かお考えがあったのでしょう？

阿部　考えというほどのものではありませんが、そのほうが酒母の最高ボーメもあまり高くならないし、酵母の活性が高まるような気がしたもので。

大内　なるほど。でも、最近は種酵母の接種量も多くなっていますから、濃糖で酵母の増殖が抑えられる心配はないと思いますが。

阿部　するとやはり、酒母に麹を少しもっていったほうがいいようですね。

大内　仕込配合の全体を見て、ぜったい直さなければ駄目、という点はありませんが、かなり個性的な配合のようです。

表 16　仕込配合 1（標準的）

	酒母	初添	仲添	留添	追水	計
総　米	60	160	300	480		1 000
蒸　米	40	120	240	400		800
麹　米	20	40	60	80		200
汲　水	67	173	440	653	133	1 467
アルコール（100%）						100

表 17　仕込配合 2（酒母歩合が小さい例）

	酒母	初添	仲添	留添	追水	計
総　米	50	171	307	471		1 000
蒸　米	34	129	243	386		791
麹　米	16	43	64	86		209
汲　水	96	181	414	699	50	1 440
アルコール（100%）						89

表 18　仕込配合 3（初添が重く留添が軽い例）

	酒母	初添	仲添	留添	追水	計
総　米	75	188	325	413		1 000
蒸　米	50	138	263	350		800
麹　米	25	50	63	63		200
汲　水	88	213	425	675		1 400
アルコール（100%）						110

（注）表 16～表 18 の数字は元の数字を千に丸めているので、合計値に 1～2 の差異が生じている。

ご参考までに、仕込配合の例を二、三あげておきましょう。仕込配合一（表16）は、標準的な配合例ですが、仕込配合二（表17）は、酒母歩合がかなり少ない例、仕込配合三（表18）は初添が重く留添が軽い例です。総米量をすべて一〇〇〇にしてあるので、比べやすいと思います。

阿部　そうですね。

大内　ところで、今年は酵母は何を使われますか？

阿部　今年は、一本は協会のNo.八六で仕込んでみようと思っています。

大内　No.八六ですね。

阿部　No.八六を使うのは初めてなので心配ですが、仕込配合でとくに注意しなければならない点はありますか？

大内　No.八六のようにカプロン酸エチルを多く生産する酵母は、発酵力が弱い傾向にありますから、最高ボーメがあまり出すぎないように、麹歩合は二〇％くらい、汲水も伸ばしたほうがいいでしょうね。留添の時点では一四〇％くらいでもいいと思いますが、最高ボーメが七を超えるようでしたら、さらに追水を打って薄めます。発酵の途中でも糖分の食い方が鈍るようでしたら、逐次、追水を打っていきますから、トータルの汲水歩合は一五〇％くらいになるかもしれません。

阿部　でも、ボーメは水を伸ばせばいくらでも下げられますが、アルコールの濃度も同時に下がりますね。

大内　それはそうですね。アル添前のアルコール濃度は一五・五％から一六％くらいがいいと思いますが、そこまで達しないようでは困りますからね。ですから、ある程度計算しながら追水を打っていくわけです。ボーメとアルコールとの関係は、ボーメがだいたい〇・五減るごとにアルコールが一％増えますから、同じく、日本酒度でいえば約五動くごとにアルコールが一％増えますから、その関係を使えばいいわけです。

例えば、一五日目にアルコールが一一・〇％出ているとすれば、一六％まであと五％のアルコールが必要で、そのためには、五×〇・五＝二・五、つまり、ボーメにして二・五、日本酒度にしてマイナス二五が必要になります。もし、アル添前の日本酒度としてマイナス二〇を予定しているとすれば、それを足したマイナス二七だけの日本酒度が一五日目の時点であればいいわけです。それ以上ある場合には、少しずつ追水を打って薄めてもいい、ということになります。

ただし、マイナス二七以上あるからといって、そこまで一挙には薄めないことです。追水はあくまでも少しずつ小分けして打っていくのが基本です。

それから、ボーメとアルコールとの関係は、条件によって少し変わりますから、正確な値を出すためには、実際に調べてみるといいでしょう。アルコールが一％増えるときにボーメまたは日本酒度がどれだけ動いているか。

■もろみの温度経過

阿部　もう一つ、発酵経過のことですが。

大内　No.八六のもろみの発酵経過ですね？

阿部　そうです。どんな点に気をつければいいか、要点だけでも伺っておきたいと思いまして。

大内　今年はNo.八六のほか、別の酵母でも大吟醸酒を仕込みますね？

阿部　はい、協会九号か協会一四〇一号でもう一本仕込んでみようと思っています。

大内　協会一四号の泡なし酵母ですね。そうすると、ブレンドも可能なわけですから、役廻りとしては、No.八六のほうは香り強化用ということですね。

阿部　そうなればと思っています。

大内　この発酵経過を見てください（図38）。カプロン酸エチルを多く出させるためには、このように低温で長期の発酵形式にもっていくのが普通です。一〇日目頃に最高温度にもっていき、それを数日間持続します。そして、B曲線が下がり始める頃から温度を徐々に下げていき、三五日目頃に上槽するのです。

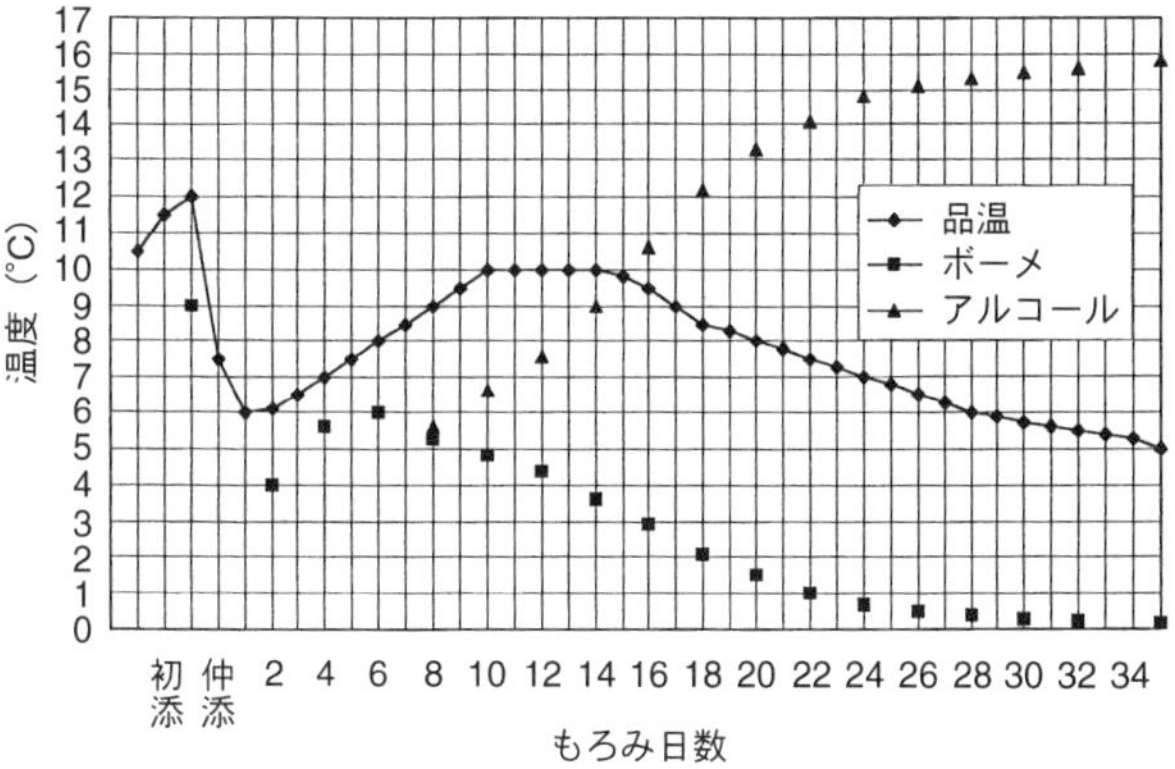

図 38　もろみ経過の一例
カプロン酸エチル高生産性酵母の場合

しかし、No.八六はカプロン酸エチルの生産力が強すぎるほど強いので、温度は少々高めでもいいと思いますよ。最高温度を一一から一二℃にするのです。

阿部　一二℃ですか。そんなに高くしていいんですか。あまり発酵を進めると、この酵母は後でバテるとも聞きましたが。

大内　ですから、初添から留添までの仕込み温度は普通どおりにして、それ以後は徐々に上げながら最高温度にもっていくほうがいいでしょう。

阿部　そうすると、仕込み温度としては、初添が一一℃、仲添が八℃、留添が六℃くらいでいいですか？

大内　それくらいでいいでしょうね。
阿部　最高温度は何日目頃にもっていくんですか？
大内　一〇日目くらいでしょうか。
阿部　アル添は何日目くらいですか？
大内　二八日目から三〇日目くらいじゃないでしょうか。ただし、無理してその日数にもっていくよりも、むしろ滑らかな発酵経過にするほうが大事だとは思います。
阿部　以前にも伺ったような気がしますが、滑らかな発酵経過といいますと？
大内　温度のカーブやボーメ、日本酒度の変化がなるべくスムーズということです。B曲線もあまりデコボコしないように、滑らかな山形になるほうがいいですね。そうでないと、いい吟醸酒はできません。
阿部　そうですか。
大内　No.八六は酸の生成が少ないので、低温、長期形式で発酵させたのでは、酸が少なすぎる可能性がありますから、その意味でも温度は少し高めのほうがいいと思います。
阿部　もろみ後半の温度経過はどうですか？
大内　低めのほうが望ましいと思いますが、糖の食い切りが悪い場合には、無理して低くしなくてもいいと思いますよ。

阿部　低めというのはアル添前に六℃くらいまでもっていくのですか？

大内　そうです。No.八六酵母は今年初めてだそうですが、いずれにしても、酵母に慣れる必要があります。そして使いこなすことが一番大事です。

■搾った後の管理

阿部　最後にもう一つだけ、酒を搾った後の管理について伺いたいのですが。

大内　酒の搾り方はどうしていますか。

阿部　もろみを入れた酒袋を吊り下げて自然に垂れてくる酒を集め、それを斗瓶に順番に詰めています。

大内　それが一般的なやり方です。搾った酒の管理についてはいろいろなノウハウがあるようですが、島根県の堀江修二先生は次のように述べておられます。

鑑評会出品用には斗瓶三～五番の酒がよく、それを八℃前後の冷暗所におき、できるだけ早い時期に荒オリを切り、二番オリはゆっくり切る。火入れは一五～二〇日目くらいに行う。火入れ温度は六〇℃を標準とし、できるだけ早く六〇℃にもっていき、冷却もできるだけ早くする。火入れがすんだ吟醸酒は味が馴染むまで八℃前後の冷暗所に保存する。

早くから温度の低い冷蔵庫に入れるのはよくない、ということです。阿部さんはどうなさっていますか。

阿部　私の場合は、最初に垂れた濁りのひどい部分は少し除いて、それから斗瓶にとりますが、斗瓶番号は二番の酒から使っています。保存は五℃以下の温度で、荒オリを切るのは一週間目、二番オリはほとんど出ないので引いたり引かなかったりです。火入れ温度は六〇℃で、六〇℃に達したら急冷するやり方です。

大内　そうですか。私もどのやり方が一番いいかわかりませんが、考え方としては次のようになると思います。

斗瓶の番号については、香りの高さだけからいえば、一番目が最高だと思います。ただ、味まで含めるとやはり二番目以降がいいでしょうね。荒オリを切るタイミングですが、荒オリの内容は蒸米や麹の溶解残が主体で、長くおくと雑味が出ますから、なるべく早いほうがよいと思います。二番オリについては上部が清澄になるまで待って切ればいいわけです。

阿部　オリを長くからませておいたほうが、香りが高くなるといわれていますが、どうなんでしょうか。

大内　そういわれているようですが、本当かどうか、私には疑問ですね。オリの中にも酵母がおり、とくに二番オリに多いと思いますが、でも、その量はもろみの中の一〇分の一以下でしょうから、香りの生成に関しては影響ないでしょう。ただ、ジアセチルが多めで香りが冴えない場合は、酵母と接触している間にジアセチルが消えて、結果的に香りが澄んでくることはあるかもしれません。

阿部　そうですか。

大内　それよりも火入れのタイミングが重要です。火入れをすれば麴のアミラーゼやプロテアーゼ、それからムレ香の発生に関係するイソアミルアルコール酸化酵素等も、皆活性がなくなるので酒は安定しますが、生酒の間は成分が少しずつ変化します。

阿部　低い温度でも酵素は作用するのですか。

大内　速度は温度が低いほど遅くなりますが、作用はします。火入れ前の生酒期間は、酵素作用でグルコースが増加し、アミノ酸もわずかに増加します。

阿部　増加するとまずいのでしょうか。

大内　いえ、むしろ適度に増加するほうがよいのです。そのほうが渋味が和らいで味が整うようです。そのため火入れのタイミングが問題になるのです。酵素作用は温度が高いほど速く進むので、保存温度も問題になります。

阿部　そうすると、保存温度は低ければ低いほどよいということでもないですね。堀江先生が八℃にこだわるのも、そこですか。

大内　そうでしょうね。しかし、生酒の期間があまり長すぎると、酒がだれてきたりしますから、五℃で保存する場合は二週間以内がいいでしょう。

ところで、阿部さんは火入れは何で行いますか。斗瓶のままですか。

阿部　いえ、一升瓶に詰め栓をして、まわりのお湯を暖めて火入れします。

大内　そのほうがいいですね。火入れ後は、なるべく早く冷やすほうがいいのですが、斗瓶では冷え方が遅いし、急いで冷やすと割れやすいからね。ガラス瓶は暖めるときよりも冷やすときに壊れやすいのですよ。

阿部　自分も、それで失敗したことがあります。

大内　いずれにしても、使用する瓶は事前に酒を満たして、瓶ならしをしておくほうがいいですね。それから、火入れ後一週間くらいは火冷め香《ひざか》が残る可能性がありますから、きき酒はそれ以降にしたほうがいいでしょう。

阿部　活性炭の使用はどうでしょうか。

大内　鑑評会出品酒に関していえば、使わないほうがいいです。吟醸香成分の酢酸イソアミルやカプロン酸エチルは活性炭によって非常に除かれやすいのです。ですから、活性炭で濾過すれば味が軽くなる代わりに、吟醸香も低くなるのです。濾過するにしても、せいぜいメンブラン濾過にとどめるべきでしょう。なにもしないですむのがベストです。
私がいえることは、これくらいですが。

阿部　今日はいい勉強になりました。

大内　今度は金賞がとれるといいですね。でも、あまり肩に力を入れすぎないようにね（笑）。

阿部　（笑）はい、頑張ります。

あとがき

今回本書を書き上げて改めて感じたことは、吟醸酒づくりの科学がかなり進歩したとはいえ、解明された部分はまだ限られており、今後検証されなければならないことがずいぶん多いことです。それは、すでに秋山裕一先生が御著書『吟醸酒のはなし』のあとがきの中で、「吟醸づくりの理論的な部分ではまだまだ不明な部分が多く、たとえば、仕込水では……、米では……、麹についてもわからないことだらけ……、酵母についても……、問題は山積している」と書いておられます。

吟醸酒の香りを高める理論や味を淡麗にする理屈は、一応科学的に説明できるようになったと思います。しかし、本当に素晴らしい吟醸酒とは、ただ香りが高く味が淡麗であればよいのではなく、そのうえに優雅さとか上品さが備わっていなければなりません。この優雅さとか上品さは、どんな成分バランスによるのでしょうか。このへんのことになると、吟醸酒づくりの科学も完全にアンタッチャブルであり、奥義を究めた達人の杜氏さんにお任せするほかありません。

最近は遺伝子工学が発達し、クローニングされた遺伝子を用いて直接、酵母の吟醸香生成のメカニズムや麴菌のグルコアミラーゼ生産のメカニズム等が明快に解明されるようになりました。その結果明らかになったことは、米を白く磨き、突破精《つきはぜ》麴をつくり、低温で発酵させるという吟醸酒づくりの原則が、きわめて合理的だということです。つまり、これまで杜氏さんたちが経験と勘だけで築いてきた吟醸酒づくりの合理性が最新の科学で検証されたわけで、今さらながらその技に脱帽するほかありません。吟醸酒は、まさに米と技のエッセンスなのです。

昔から杜氏さんたちは探究心が旺盛で、それだけに多くの疑問を抱きながら吟醸酒づくりをしてきました。それは現在でも同じです。本書は、そういう杜氏さんたちの質問に答えることを意図したものですが、はたしてどれだけ答えられたでしょうか。心もとないかぎりです。もちろん、現時点で最も妥当と考えられる回答はしたつもりですが、間違いやひとりよがりの点もあることでしょう。今後、本書が多くの方々のご協力を得て、よりよく仕上がっていくことを念じております。

本書をまとめるにあたり、技報堂出版の宮本佳世子さんに大変有意義なアドバイスをいただき、体裁を整えていただきました。心からお礼申し上げます。

二〇〇〇年盛夏

大内弘造

参考文献

（1）秋山裕一・熊谷知栄子：吟醸酒のはなし、技報堂出版、一九八七年
（2）泉谷武信ほか：吟醸と吟醸酵母、日本醸造協会、一九八七年
（3）篠田次郎：吟醸酒への招待、中央公論社、一九九七年
（4）秋山裕一：酒づくりのはなし、技報堂出版、一九八三年
（5）秋山裕一：日本酒、岩波書店、一九九四年
（6）秋山裕一：酒造りの不思議、裳華房、一九九七年
（7）原　昌道編：改訂　灘の酒用語集　灘酒研究会、一九九七年
（8）大内弘造：酒と酵母のはなし、技報堂出版、一九九七年

著者紹介

大内弘造（おおうち・こうぞう）
山形県に生まれる．1960年東北大学農学部卒業．
1960年より国税庁醸造試験所に勤務．長年，醸造学の研究に取り組み，清酒の大部分を生産する泡なし清酒酵母の育種に成功．
1986年より協和発酵工業（株）東京研究所に勤務．新しい製パン法を可能にした画期的な酵母の育種に成功．
これらの業績により，1999年に科学技術庁長官賞を受賞．
現在，協和発酵工業（株）酒類カンパニー技術顧問．農学博士．
主著『食料科学バイオテクノロジー』（共著），培風館，1989年
『酵母のニューバイオテクノロジー』（共著），医学出版センター，1990年
『バイオテクノロジーとヒューマンライフ』（共著），日本経済評論社，1995年
『酵母からのチャレンジー応用酵母学』（共著），技報堂出版，1997年
『酒と酵母のはなし』，技報堂出版，1997年

なるほど！ 吟醸酒づくり
――杜氏さんと話す
定価はカバーに表示してあります

2000年10月16日　1版1刷発行　ISBN 4-7655-4420-6　C1370

著　者　大　内　弘　造
発行者　長　　　祥　隆
発行所　技報堂出版株式会社
〒102-0075　東京都千代田区三番町8-7
(第25興和ビル)
電　話　営業　(03)(5215)3165
編集　(03)(5215)3161
FAX　(03)(5215)3233
振替口座　00140-4-10

日本書籍出版協会会員
自然科学書協会会員
工学書協会会員
土木・建築書協会会員
Printed in Japan

装幀 海保　透　印刷 中央印刷　製本 鈴木製本
乱丁・落丁はお取り替え致します．